全国普通高等医学院校药学类专业"十三五"规划教材配套教材

U0746551

生物化学实验指导

（供药学类专业用）

主　编　杨　红

副主编　李春梅　孙丽萍　熊　伟

编　者　（以姓氏笔画为序）

任　历（辽宁医学院）　　　　　孙丽萍（北京中医药大学）

杨　红（广东药科大学）　　　　李春梅（广东药科大学）

赵　乐（河南中医药大学）　　　栗学清（长治医学院）

唐小龙（安徽理工大学医学院）　熊　伟（大理大学基础医学院）

中国健康传媒集团

中国医药科技出版社

内容提要

　　本书是全国普通高等医学院校药学类专业"十三五"规划教材《生物化学》的配套实验教材。全书共分四篇：第一篇生物化学实验及生物化学实验室基本要求；第二篇常用生物化学实验技术及其应用；第三篇基础性生物化学实验；第四篇综合性生物化学实验；既有经典的基础性生物化学实验和技术，又有与医药研究和生物化学临床实践密切结合的应用性和综合性生物化学实验。

　　本书可供高等医学院校药学类专业使用，也可供普通高等院校药学类、中药学类、生物制药各专业使用。

图书在版编目（CIP）数据

生物化学实验指导／杨红主编. — 北京：中国医药科技出版社，2016.2
全国普通高等医学院校药学类专业"十三五"规划教材配套教材
ISBN 978-7-5067-7929-6

Ⅰ.①生…　Ⅱ.①杨…　Ⅲ.①生物化学-化学实验-医学院校-教学参考资料
Ⅳ.①Q5-33

中国版本图书馆 CIP 数据核字（2016）第 026762 号

美术编辑　　陈君杞
版式设计　　郭小平

出版　**中国健康传媒集团**｜中国医药科技出版社
地址　北京市海淀区文慧园北路甲 22 号
邮编　100082
电话　发行：010-62227427　邮购：010-62236938
网址　www. cmstp. com
规格　787×1092mm $\frac{1}{16}$
印张　9
字数　206 千字
版次　2016 年 2 月第 1 版
印次　2020 年 7 月第 3 次印刷
印刷　三河市百盛印装有限公司
经销　全国各地新华书店
书号　ISBN 978-7-5067-7929-6
定价　**22.00 元**

全国普通高等医学院校药学类专业"十三五"规划教材
出 版 说 明

　　全国普通高等医学院校药学类专业"十三五"规划教材，是在深入贯彻教育部有关教育教学改革和我国医药卫生体制改革新精神，进一步落实《国家中长期教育改革和发展规划纲要》（2010－2020年）的形势下，结合教育部的专业培养目标和全国医学院校培养应用型、创新型药学专门人才的教学实际，在教育部、国家卫生和计划生育委员会、国家食品药品监督管理总局的支持下，由中国医药科技出版社组织全国近100所高等医学院校约400位具有丰富教学经验和较高学术水平的专家教授悉心编撰而成。本套教材的编写，注重理论知识与实践应用相结合、药学与医学知识相结合，强化培养学生的实践能力和创新能力，满足行业发展的需要。

　　本套教材主要特点如下：

　　1. 强化理论与实践相结合，满足培养应用型人才需求

　　针对培养医药卫生行业应用型药学人才的需求，本套教材克服以往教材重理论轻实践、重化工轻医学的不足，在介绍理论知识的同时，注重引入与药品生产、质检、使用、流通等相关的"实例分析/案例解析"内容，以培养学生理论联系实际的应用能力和分析问题、解决问题的能力，并做到理论知识深入浅出、难度适宜。

　　2. 切合医学院校教学实际，突显教材内容的针对性和适应性

　　本套教材的编者分别来自全国近100所高等医学院校教学、科研、医疗一线实践经验丰富、学术水平较高的专家教授，在编写教材过程中，编者们始终坚持从全国各医学院校药学教学和人才培养需求以及药学专业就业岗位的实际要求出发，从而保证教材内容具有较强的针对性、适应性和权威性。

　　3. 紧跟学科发展、适应行业规范要求，具有先进性和行业特色

　　教材内容既紧跟学科发展，及时吸收新知识，又体现国家药品标准［《中国药典》（2015年版）］、药品管理相关法律法规及行业规范和2015年版《国家执业药师资格考试》（《大纲》、《指南》）的要求，同时做到专业课程教材内容与就业岗位的知识和能力要求相对接，满足药学教育教学适应医药卫生事业发展要求。

　　4. 创新编写模式，提升学习能力

　　在遵循"三基、五性、三特定"教材建设规律的基础上，在必设"实例分析/案例解析"

模块的同时，还引入"学习导引""知识链接""知识拓展""练习题"（"思考题"）等编写模块，以增强教材内容的指导性、可读性和趣味性，培养学生学习的自觉性和主动性，提升学生学习能力。

5. 搭建在线学习平台，丰富教学资源、促进信息化教学

本套教材在编写出版纸质教材的同时，均免费为师生搭建与纸质教材相配套的"爱慕课"在线学习平台（含数字教材、教学课件、图片、视频、动画及练习题等），使教学资源更加丰富和多样化、立体化，更好地满足在线教学信息发布、师生答疑互动及学生在线测试等教学需求，提升教学管理水平，促进学生自主学习，为提高教育教学水平和质量提供支撑。

本套教材共计29门理论课程的主干教材和9门配套的实验指导教材，将于2016年1月由中国医药科技出版社出版发行。主要供全国普通高等医学院校药学类专业教学使用，也可供医药行业从业人员学习参考。

编写出版本套高质量的教材，得到了全国知名药学专家的精心指导，以及各有关院校领导和编者的大力支持，在此一并表示衷心感谢。希望本套教材的出版，将会受到广大师生的欢迎，对促进我国普通高等医学院校药学类专业教育教学改革和药学类专业人才培养作出积极贡献。希望广大师生在教学中积极使用本套教材，并提出宝贵意见，以便修订完善，共同打造精品教材。

中国医药科技出版社
2016 年 1 月

全国普通高等医学院校药学类专业"十三五"规划教材

书　　目

序号	教材名称	主编	ISBN
1	高等数学	艾国平　李宗学	978 – 7 – 5067 – 7894 – 7
2	物理学	章新友　白翠珍	978 – 7 – 5067 – 7902 – 9
3	物理化学	高　静　马丽英	978 – 7 – 5067 – 7903 – 6
4	无机化学	刘　君　张爱平	978 – 7 – 5067 – 7904 – 3
5	分析化学	高金波　吴　红	978 – 7 – 5067 – 7905 – 0
6	仪器分析	吕玉光	978 – 7 – 5067 – 7890 – 9
7	有机化学	赵正保　项光亚	978 – 7 – 5067 – 7906 – 7
8	人体解剖生理学	李富德　梅仁彪	978 – 7 – 5067 – 7895 – 4
9	微生物学与免疫学	张雄鹰	978 – 7 – 5067 – 7897 – 8
10	临床医学概论	高明奇　尹忠诚	978 – 7 – 5067 – 7898 – 5
11	生物化学	杨　红　郑晓珂	978 – 7 – 5067 – 7899 – 2
12	药理学	魏敏杰　周　红	978 – 7 – 5067 – 7900 – 5
13	临床药物治疗学	曹　霞　陈美娟	978 – 7 – 5067 – 7901 – 2
14	临床药理学	印晓星　张庆柱	978 – 7 – 5067 – 7889 – 3
15	药物毒理学	宋丽华	978 – 7 – 5067 – 7891 – 6
16	天然药物化学	阮汉利　张　宇	978 – 7 – 5067 – 7908 – 1
17	药物化学	孟繁浩　李柱来	978 – 7 – 5067 – 7907 – 4
18	药物分析	张振秋　马　宁	978 – 7 – 5067 – 7896 – 1
19	药用植物学	董诚明　王丽红	978 – 7 – 5067 – 7860 – 2
20	生药学	张东方　税丕先	978 – 7 – 5067 – 7861 – 9
21	药剂学	孟胜男　胡容峰	978 – 7 – 5067 – 7881 – 7
22	生物药剂学与药物动力学	张淑秋　王建新	978 – 7 – 5067 – 7882 – 4
23	药物制剂设备	王　沛	978 – 7 – 5067 – 7893 – 0
24	中医药学概要	周　晔　张金莲	978 – 7 – 5067 – 7883 – 1
25	药事管理学	田　侃　吕雄文	978 – 7 – 5067 – 7884 – 8
26	药物设计学	姜凤超	978 – 7 – 5067 – 7885 – 5
27	生物技术制药	冯美卿	978 – 7 – 5067 – 7886 – 2
28	波谱解析技术的应用	冯卫生	978 – 7 – 5067 – 7887 – 9
29	药学服务实务	许杜娟	978 – 7 – 5067 – 7888 – 6

注：29 门主干教材均配套有中国医药科技出版社"爱慕课"在线学习平台。

全国普通高等医学院校药学类专业"十三五"规划教材
配套教材书目

序号	教材名称	主编	ISBN
1	物理化学实验指导	高　静　马丽英	978 - 7 - 5067 - 8006 - 3
2	分析化学实验指导	高金波　吴　红	978 - 7 - 5067 - 7933 - 3
3	生物化学实验指导	杨　红	978 - 7 - 5067 - 7929 - 6
4	药理学实验指导	周　红　魏敏杰	978 - 7 - 5067 - 7931 - 9
5	药物化学实验指导	李柱来　孟繁浩	978 - 7 - 5067 - 7928 - 9
6	药物分析实验指导	张振秋　马　宁	978 - 7 - 5067 - 7927 - 2
7	仪器分析实验指导	余邦良	978 - 7 - 5067 - 7932 - 6
8	生药学实验指导	张东方　税丕先	978 - 7 - 5067 - 7930 - 2
9	药剂学实验指导	孟胜男　胡容峰	978 - 7 - 5067 - 7934 - 0

前言
PREFACE

21世纪是生命科学的世纪，生物化学是当代生命科学领域中一门重要的基础学科，它涵盖的基础理论、基本知识、基本技术与医药学各学科领域密切相关。生物化学也是一门实验性很强的学科，因此，生物化学实验是药学类及其相关专业学生必修的一门基础性实验课程，它重在培养学生的创新思维能力、动手能力和团队协作能力，为学生日后的科学探索和医药学实践打好基础。

《生物化学实验指导》是根据全国普通高等医学院校药学类专业"十三五"规划教材的编写原则与要求，按照普通高等医学院校药学类（本科）专业的培养目标编写而成，是理论课《生物化学》的配套实验教材。全书分四篇：第一篇生物化学实验及生物化学实验室基本要求，第二篇常用生物化学实验技术及其应用，第三篇基础性生物化学实验，第四篇综合性生物化学实验；既有经典的基础性生物化学实验和常用技术，又有与医药研究和生物化学临床实践密切结合的应用性和综合性实验，理论与实践相结合，有利于培养学生正确的科研思维能力和实践技能，提高学生的综合素质。

在编写本教材过程中，得到了各参编院校的大力支持及合作，在此一并表示衷心感谢。

由于编者水平有限，难免存在不妥和不足之处，敬请各位同行专家、广大师生和其他读者们批评指正。

编　者
2015 年 12 月

目 录
CONTENTS

第一篇　生物化学实验及实验室基本要求 ……………………………… 1

一、生物化学实验室规则、要求及注意事项 ……………………………… 1

二、生物化学实验记录和实验报告 ………………………………………… 2

三、生物化学实验基本操作 ………………………………………………… 2

第二篇　常用生物化学实验技术及其应用 ……………………………… 6

一、电泳技术 ………………………………………………………………… 6

二、分光光度技术 …………………………………………………………… 11

三、色谱技术 ………………………………………………………………… 16

四、离心技术 ………………………………………………………………… 22

五、透析技术 ………………………………………………………………… 28

第三篇　基础性生物化学实验 …………………………………………… 30

第一章　蛋白质含量的测定 …………………………………………… 30

实验一　蛋白质含量的测定——紫外分光光度法 ……………………… 30

实验二　蛋白质含量的测定——微量凯氏定氮法 ……………………… 31

实验三　蛋白质含量的测定——福林-酚试剂法（Lowry 法）………… 34

实验四　蛋白质含量的测定——双缩脲法 ……………………………… 36

实验五　蛋白质含量的测定——考马斯亮蓝法 ………………………… 38

实验六　蛋白质含量的测定——二喹啉甲酸法（BCA 法）…………… 40

第二章　蛋白质的分离及鉴定 ………………………………………… 43

实验七　聚丙烯酰胺凝胶电泳法分离血清蛋白质 ……………………… 43

实验八　醋酸纤维素薄膜电泳法分离血清蛋白质 ……………………… 46

实验九　醋酸纤维素薄膜电泳法分离血清乳酸脱氢酶同工酶 ………… 50

实验十　蛋白质的盐析作用 ……………………………………………… 53

实验十一　蛋白质的沉淀反应 …………………………………………… 54

实验十二　蛋白质的呈色反应——茚三酮呈色反应 …………………… 57

实验十三　SDS-聚丙烯酰胺凝胶电泳法测定蛋白质分子量 ………… 58

　　实验十四　凝胶色谱法测定蛋白质分子量 ································· 61
　　实验十五　聚丙烯酰胺凝胶等电聚焦电泳法测定蛋白质等电点 ··············· 64

第三章　酶的性质及活性测定 ······································· 68
　　实验十六　酶的性质——酶的特异性（专一性） ······················· 68
　　实验十七　影响酶促反应速度的因素——底物浓度、酶浓度 ··············· 69
　　实验十八　影响酶促反应速度的因素——温度、pH 值 ··················· 73
　　实验十九　影响酶促反应速度的因素——抑制剂、激活剂 ················· 74
　　实验二十　酶的竞争性抑制作用 ································· 76
　　实验二十一　碱性磷酸酶 K_m 值的测定 ····························· 78
　　实验二十二　乳酸脱氢酶及其辅酶 I 的作用 ························· 80
　　实验二十三　血清谷丙转氨酶活性的测定 ··························· 81

第四章　核酸的分离及鉴定 ··· 84
　　实验二十四　离心提取动物组织中的 DNA 和 RNA ····················· 84
　　实验二十五　核酸的定性分析 ··································· 85
　　实验二十六　琼脂糖凝胶电泳法分离 DNA ··························· 88

第五章　生物化学相关指标的检测 ··································· 90
　　实验二十七　血清葡萄糖的测定——葡萄糖氧化酶偶联法 ················· 90
　　实验二十八　胰岛素、肾上腺素对家兔血糖含量的影响 ················· 91
　　实验二十九　肝糖原的提取与定性 ······························· 93
　　实验三十　饱食和饥饿大白鼠肝糖原含量的比较 ····················· 94
　　实验三十一　血清三酰甘油的测定 ······························· 96
　　实验三十二　琼脂糖凝胶电泳法测定血清脂蛋白 ····················· 98
　　实验三十三　血清总胆固醇的测定 ······························· 100
　　实验三十四　维生素 C 含量的测定——2,6-二氯酚靛酚滴定法 ············· 103
　　实验三十五　葡聚糖凝胶过滤法分离葡聚糖和重铬酸钠 ················· 105
　　实验三十六　纸色谱法验证肝组织的转氨基作用 ····················· 106
　　实验三十七　二乙酰一肟法测定血清尿素 ··························· 110
　　实验三十八　磷钨酸还原法测定血清尿酸 ··························· 112
　　实验三十九　改良 J-G 法测定血清总胆红素和结合胆红素 ··············· 114

第四篇　综合性生物化学实验 ······································· 117
　　实验四十　大肠杆菌质粒的提取与 PCR 鉴定 ························· 117
　　实验四十一　口腔拭子基因组 DNA 提取（试剂盒法）及琼脂糖凝胶电泳检测 ··· 121
　　实验四十二　食物中维生素 C 的提取和含量测定 ····················· 123
　　实验四十三　血清 γ-球蛋白的分离、纯化与鉴定 ··················· 126
　　实验四十四　脲酶的凝胶过滤提取及分离纯化 ······················· 130

参考文献 ··· 134

第一篇 生物化学实验及实验室基本要求

一、生物化学实验室规则、要求及注意事项

（一）实验室规则

1. 实验室是进行科学实验的场所，在实验室工作时应该自觉遵守纪律，维护课堂秩序，不迟到，不早退。

2. 进入实验室必须穿好实验服，不准穿拖鞋进入实验室。实验室内严禁饮食、吸烟或打闹。一切化学药品禁止入口。

3. 保持实验环境和仪器的整洁，试剂、仪器排列有序，严格按操作规程洗刷仪器和量取试剂，注意节约，不要浪费药品和试剂。实验完毕要按各类仪器的清洗方法和要求将仪器清洗干净。

4. 爱护仪器，细心操作，发现损坏要及时报告教师并按有关规定处理。

5. 使用试剂前应仔细辨认标签，看清名称及浓度，是否为本实验所需要。

6. 取出试剂后，立即将瓶塞盖好，切勿盖错，并将试剂瓶放回原处。试剂瓶塞、专用吸量管、滴管不得与试剂瓶分离，以免错用而污染试剂，造成自己或他人实验的失败。未用完的试剂不得倒回瓶内。

7. 所有实验材料及废弃物不得随意丢弃。有毒试剂、强腐蚀性试剂及实验废弃的有毒药品严禁倒入下水道或生活垃圾处，必须经分类回收后统一处理。

8. 实验完毕后应将试验台整理干净，试剂瓶要摆放整齐，洗净双手；安排值日生打扫实验室卫生，关闭水、电等的开关后，经教师验收后才能离开实验室。

（二）实验要求

1. 实验前认真预习实验指导和相关理论，明确实验目的、原理、预期的结果、操作关键步骤及注意事项。

2. 实验中认真听课，按要求操作，认真观察实验过程中出现的现象和结果，如实做好原始记录。结果不良时，必须认真分析后重做。

3. 实验结束后要及时对实验结果进行科学分析，按时将实验报告交教师评阅。

（三）注意事项

1. 低沸点有机溶剂，如乙醚、石油醚、乙醇等均系易燃物品，使用时应禁明火，远离火源，若需加热要用水浴加热，不可直接在火上加热。

2. 凡能产生有毒气体或烟雾的化学实验，均应在通风柜内进行，以免对人体造成危害。

3. 若发生酸、碱灼伤事故,先用大量自来水清洗,酸灼伤者用饱和 $NaHCO_3$ 溶液中和,碱灼伤者用饱和 H_3BO_3 溶液中和,氧化剂伤害者用 $Na_2S_2O_4$ 处理。

4. 若发生起火事件,根据发生起火性质分别采用砂、水、CO_2 或 CCl_4 灭火器扑灭。

5. 离开实验室必须关好窗户,切断电源、水源,以确保安全。

二、生物化学实验记录和实验报告

(一)实验记录要求

实验中观察到的现象、结果和数据,应及时、准确、如实、详尽、清楚地记录在记录本上,它是实验过程的原始资料,也是书写实验报告的依据。简单的实验记录应包括实验日期、室温、题目(内容)、现象及结果(包括计算结果及各种图表)。使用精密仪器进行实验时还应记录仪器的型号及编号。若发现实验结果与预期结果不一致时,应尊重客观事实,真实记录,认真分析讨论原因,总结经验教训。

表格式的记录方式简练而清楚,值得提倡使用。记录时字迹必须清楚,不提倡使用易于涂改或消褪的笔墨做原始记录。实验记录不能擦抹或涂改,写错时可划去重写或保留原错处并在其后加以说明。自觉培养一丝不苟的严谨科学作风。

(二)实验报告要求

实验结束后,应及时整理和总结实验结果,书写实验报告。实验报告是实验的汇报和总结,通过实验报告的书写可以总结经验,学会处理各种实验数据的方法,加深对有关生物化学原理和实验技术的理解和掌握,同时也是学习撰写科学研究论文的过程。

一个完整的实验报告应包括实验名称、日期、目的、原理、试剂和仪器、操作方法、结果及计算、讨论、结论等内容。在实验报告中,实验目的、原理、设备、试剂及操作方法等部分应简明扼要的叙述,不需要照抄实验指导书或实验讲义,但要写得清楚明白,以便他人能够重复;实验结果及计算部分除了包括实验现象和结果的原始记录,还应包括根据实验要求整理、归纳后进行计算的过程及计算结果,以及根据实验数据及计算做出的各种图表(如曲线图、对照表等);讨论部分不是对结果的重述,而是对实验结果、实验方法和异常现象进行探讨和评论,以及对实验设计的认识、体会及建议,对实验课的改进意见等;结论部分要简明扼要地说明本次实验所获得的结果。

三、生物化学实验基本操作

(一)玻璃仪器的洗涤

生物化学实验常用各种玻璃仪器,其清洁程度将直接影响实验结果的可靠性。因此,玻璃仪器的清洁不仅是实验前后的常规工作,也是一项重要的基本技术。

玻璃仪器的清洗方法很多,需要根据实验的要求,以及污物的性质选用不同的清洁方法。

1. 新购玻璃仪器的清洗 新购玻璃仪器表面附着油污和灰尘,特别是附着有可游离的金属离子。因此,新购仪器需要用肥皂水刷洗,流水冲净后,浸于 10% Na_2CO_3 溶液中煮沸 10 分钟;用流水冲净后,再浸泡于 1% ~ 2% HCl 溶液中过夜;流水洗净酸液,用蒸馏水少量多次冲洗后,干燥备用。

2. 使用过的玻璃仪器的清洗

(1)一般非计量玻璃仪器或粗容量仪器 如试管、烧杯、量筒等先用肥皂水刷洗,再用自来水冲洗干净，最后用蒸馏水冲洗 2~3 次后，干燥备用。

（2）容量分析仪器　如吸量管、滴定管、容量瓶等，先用自来水冲洗，沥干后，浸于重铬酸洗液浸泡数小时，然后用自来水和蒸馏水冲洗干净，干燥备用。

（3）比色杯等　用毕立即用自来水反复冲洗，蒸馏水洗净晾干；如有污物黏附于杯壁，宜用盐酸或适当溶剂清洗，然后用自来水、蒸馏水冲洗干净晾干备用。切忌用刷子、粗糙的布或滤纸等擦拭。

（二）吸量管的种类和使用

吸量管是生化实验最常用的仪器之一，测定的准确度与吸量管的正确选择和使用有密切关系。

1. 吸量管的分类　常用的吸量管可以分为三类（图1）。

（1）奥氏吸量管　供准确量取 0.5ml、1.0ml、2.0ml 和 3.0ml 液体所用。此种吸量管只有一个刻度，当放出所量取的液体时，管尖余留的液体必须吹入容器内。

（2）移液管　常用来量取 50ml、25ml、10ml、5ml、2ml、1ml 的液体，这种吸量管只有一个刻度，放液时，量取的液体自然流出后，管尖需在盛器内壁停留 15 秒钟，注意管尖残留液体不要吹出。

（3）刻度吸量管　供量取 10ml 以下任意体积的溶液。若吸量管上端标有"吹"字或"◇"型符号，则刻度包括尖端部分，所量液体全部放出后，还需要吹出残留于管尖的溶液，此类吸量管为"吹出式"；若未标"吹"字的吸量管，则不应吹出管尖的残留液体；此外，还有一种标有"快"字的吸量管，应使残液自然流下。

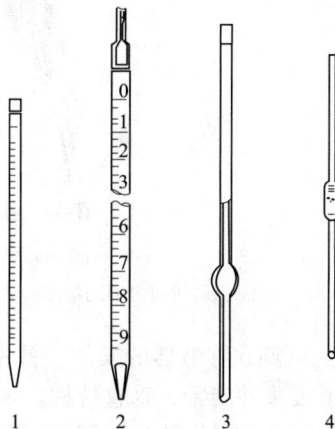

图 1　三类吸量管
1，2. 刻度吸量管；3. 奥氏吸量管；4. 移液管

2. 吸量管的使用

（1）选用原则　准确量取整数量液体，应选用奥氏吸量管。量取大体积时要用移液管。量取任意体积的液体时，应选用取液量最接近的刻度吸量管。如欲取 0.15ml 液体，应选用 0.2ml 的刻度吸量管。同一定量实验中，同种试剂的移取，应选择一支与最大取液量接近的刻度吸量管。如各试管应加的试剂量为 0.30ml、0.50ml、0.70ml、0.90ml 时，应选用一支 1.0ml 刻度吸量管。

（2）吸量管的使用　使用吸量管时，先调整刻度朝向操作者，用一只手的拇指和中指夹近顶端部分，将管的下端插入液体（插入液面的部分不可太深，也不可太浅，防止空气突然进入管内或将溶液吸入吸耳球内），另一只手持吸耳球吸取液体到需要刻度标线上 1~2cm 处，然后移开吸耳球并迅速示指封闭上口，同时将刻度吸量管提出液面，且使管内液体凹面最低处与眼睛处于同一水平线上，再通过控制示指与管上端的紧密度调节管内液体的量，最后再将吸量管移到另一容器，吸量管下端靠在容器内壁上，垂直放液（图2），放液结束后静置 10 秒，并根据规定吹出或不吹出尖端的液体。

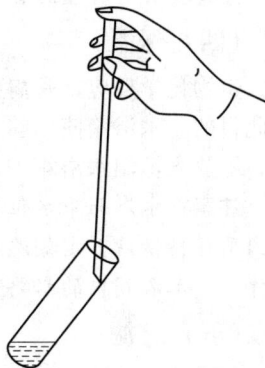

图 2　放液时的姿势

3. 可调式移液器的使用

（1）可调式移液器的结构　如图 3 所示。

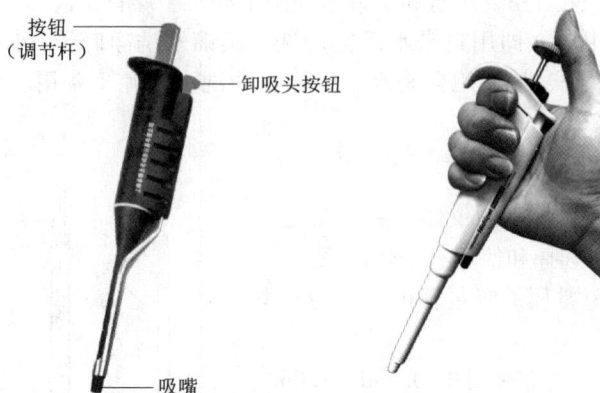

图 3　可调式移液器的结构及其使用姿势

注：推动按钮内部的活塞分 2 段行程，第一挡为吸液，第二挡为放液，手感十分清楚。

（2）可调式移液器的操作　首先选取与量取液体体积最接近的移液器，调节至所需体积值，套上吸头并旋紧，垂直持握可调式移液器并用大拇指按至第一挡，然后将吸头插入溶液中，徐徐松开大拇指使其复原，再将移液器移出液面，必要时可用纱布或滤纸拭去附于吸头表面的液体（注：不要接触吸头孔口）。放液时，将大拇指按下至第一挡后，继续按至第二挡以排空吸头内的液体。移取不同样品时，需更换新吸头。

（三）混匀

样品和试剂的混匀是保证化学反应充分进行的一种有效措施。为使反应体系内各物质迅速充分地接触，必须借助于外力的机械作用。常用的混匀方法有以下几种。

1. 旋转法　手持容器，使溶液做离心旋转，适用于未盛满液体的试管或小口器皿，如锥形瓶。

2. 指弹法　一手执试管上端，另一只手轻弹试管的下部，使管内溶液做漩涡运动。

3. 搅动法　使用玻璃棒搅匀，多用于溶解烧杯中的固体。

4. 电磁搅拌混匀　使用磁力搅拌器混匀，利用磁场变换带动容器内转子旋转而使管内溶液做漩涡运动。

5. 振荡器法　将容器置于振荡器的振动盘上，逐渐用力下压，使内容物旋转。

注意：混匀时谨防容器内液体溅出或被污染；严禁用手堵塞管口或瓶口振摇。

（四）保温

生物化学反应常常需要保持某个特定的温度和一定的时间，实验室中常用恒温水浴箱达到此目的。水浴箱使用前一定要先注入适量清水，调节温度至所需，待水温达到设定温度时将容器放入恒温水浴箱。

注意：水浴箱中水位不可过低，实验过程中要随时监测温度，并及时调节。另外，水浴箱内要保持清洁，定期洗刷，防止生锈、漏水、漏电。水浴箱内的水要定期更换，如较长时间停用，水浴箱内的水要全部放掉并用布擦干，以免生锈。

（五）过滤

用于收集滤液、沉淀或洗涤沉淀。在生化实验中，如需收集滤液应选用干滤纸，而不应将滤纸先弄湿（湿滤纸将影响滤液的稀释比例）。滤纸过滤一般采用平折法（即对折后，再对折），然后使滤纸上缘与漏斗壁完全吻合，不留缝隙；再向漏斗内加液时，需沿着玻璃棒导入且加液速度不应过快，勿使液面超过滤纸上缘。较粗的过滤可用脱脂棉或纱布代替滤纸。有时以离心沉淀法代替过滤法可达到省时、快捷的目的。

（杨 红）

第二篇 常用生物化学实验技术及其应用

一、电泳技术

（一）概述

电泳（electrophoresis，EP）是指带电颗粒在电场中向着与其所带电荷极性相反方向移动的现象。许多重要的生物分子，如氨基酸、多肽、蛋白质、核苷酸、核酸等都具有可电离基团，在特定的 pH 值下因带正电或负电而在电场中移动。电泳技术就是以此为基础而建立的一种分离鉴定技术。待分离样品中各种颗粒带电性质以及分子本身大小、形状等性质的差异，其在电场中的迁移速度不同，从而得以分离或鉴定。

电泳现象早在 19 世纪初就被人们发现，到 20 世纪初 Field 及 Teague 曾研究过白喉毒素在琼脂中的电泳，但未引起人们的重视。直到 1937 年瑞典生物化学家 Arne Tiselius 建立了"移界电泳法"（moving boundary EP），并对血清蛋白质进行了电泳，把血清蛋白质分成清蛋白、α-球蛋白、β-球蛋白、γ-球蛋白四种。1948 年 Arne Tiselius 因研究电泳和血清蛋白质分离技术获诺贝尔化学奖。20 世纪 60~70 年代，自滤纸、醋酸纤维素薄膜、琼脂糖凝胶、聚丙烯酰胺凝胶等介质相继引入电泳之后，电泳技术得到迅速发展。20 世纪 80 年代发展起来的毛细管电泳技术是化学和生物化学分析鉴定技术的重要发展，已受到人们的充分重视。由于电泳技术具有操作简单、快速、灵敏等优点，故已在生物化学、分子生物学、医学、药学、食品、农业环保等学科得到广泛应用，并成为蛋白质、核酸分析鉴定的主要技术之一。

（二）原理

任何一种物质颗粒，若含有在溶液中能被解离的基团或其表面对其他带电粒子具有吸附作用，那么该物质在溶液中就带有一定量的电荷，在电场中必然会向着与其所带电荷极性相反方向移动，这种现象称为电泳现象。电泳时不同的带电颗粒在同一电场中移动速度不同，带电颗粒（主要指球形分子）在电场中的电泳速度（V）

$$V = \frac{QE}{6\pi r\eta} \tag{1}$$

从式（1）看出，带电颗粒在电场中的电泳速度（V）与颗粒带电荷量（Q）和电场强度（E）成正相关，与球形分子的大小（半径为 r）和所在介质的黏度（η）成反比。因此，在同一电场、同一介质中进行电泳时，电量和半径大小各不相同的颗粒就可以通过电泳而被分离。带电颗粒在单位电场强度下的电泳速度常用电泳迁移率（move rate，M）来表示，它是带电颗粒的电泳特性，即各种带电颗粒在一定条件下测得的迁移率是一个常数。

$$M = \frac{V}{E} = \frac{Q}{6\pi r\eta} \tag{2}$$

由式（2）可见，带电颗粒的净电荷越多，颗粒半径越小，在电场中的迁移率就越快；反之，越慢。

影响电泳的主要因素如下。

1. 带电颗粒的性质　带电颗粒的分子大小、颗粒形状、空间构象、所带净电荷数量是影响电泳迁移率的首要因素。一般来说，颗粒所带净电荷越多，直径小而近于球形，则电泳迁移率越快；反之，颗粒形状越大，与支持物介质摩擦力越大，电泳迁移率则越慢。电泳迁移率与颗粒表面电荷呈正相关，与介质黏度及颗粒半径呈负相关。然而在实际电泳中，带电颗粒的电泳迁移率总是比在理想的稀溶液中要低些，这是因为电泳中使用的是具有一定浓度的缓冲溶液，带电荷的颗粒在电解质缓冲溶液中将带有相反电荷的离子吸引到其周围，形成离子扩散层。在电场中，当颗粒向相反电极移动时，离子扩散层所带有的过剩电荷向颗粒泳动的反方向移动，结果，颗粒与离子扩散层之间的静电引力使颗粒的泳动速度减慢。另外，分子颗粒表面有一层水化膜，在电场影响下，它与颗粒一起移动，可以认为是颗粒的一部分。

2. 缓冲液的 pH 值　缓冲液的 pH 值是决定带电颗粒的解离程度，即可决定该物质的带电量（Q）。对于蛋白质、氨基酸、核酸等两性电解质来说，pH 值小于等电点（pI），分子带正电荷，向负极泳动；如果 pH 大于 pI，分子带负电荷，向正极泳动。缓冲液的 pH 值偏离 pI 越远，分子所带净电荷越多，其电泳迁移率越快；反之，则越慢。当缓冲液 pH 值等于其 pI 时，分子所带净电荷为零，不移动。因此，在电泳时，应根据样品性质选择合适 pH 值的缓冲液。通常所用的缓冲液的成分是甲酸盐、乙酸盐、枸橼酸盐（柠檬酸盐）、磷酸盐、硼酸盐、巴比妥盐和三羟甲基氨基甲烷（tris hydroxymethyl aminomethane，Tris）缓冲液等，要求缓冲液的性能稳定，不易电解。

3. 缓冲液的离子强度　若离子强度低，电泳迁移率快，则分离区带不清晰；若离子强度高，电泳迁移率慢，则区带分离清晰。如离子强度过低，缓冲液的缓冲量小，不易维持 pH 的恒定；离子强度过高，则降低蛋白质的带电量，使电泳迁移率减慢。所以，对缓冲液离子强度的选择，必须两者兼顾，一般常用缓冲液的离子强度在 0.02～0.2。

4. 电场强度的影响　电场强度和电泳迁移率成正比关系。电场强度以每厘米的电势差计算（V/cm），也称电势梯度。如果以滤纸作为支撑物，电泳的滤纸长 15cm，两端电压（电势差）为 150V，则电场强度为 150V/15cm＝10V/cm，电场强度愈高，则带电粒子的移动愈快，但随着电场强度的增高，电流强度增加，产热也增多。产热的不良后果是：①引起水的蒸发，改变缓冲液 pH 值和离子强度；②引起介质温度高，可使蛋白质变性。因此，电泳必须控制电压在一定范围之内，电压在 500V 以上，电场强度在 20～200V/cm 时为高压电泳，当进行高压电泳时，应装备有效的冷却装置。

5. 支持物　电泳支持物要求是具有较大惰性的材料，且不与被分离的样品或缓冲液起化学反应；此外，还要求具有一定的坚韧度，不易断裂，容易保存。由于支持物的结构对分离物的电泳迁移率有很大影响，所以对支持物的选择应取决于被分离物质的类型。多数电泳都有支持物，如醋酸纤维素薄膜电泳、琼脂糖凝胶电泳、聚丙烯酰胺凝胶电泳，然而支持物的结构与性质对带电颗粒的迁移率有很大影响，主要表现为对样品的吸附，产生电渗与分子筛效应。支持物对样品的吸附，使带电颗粒泳动过程中，摩擦力增加，一方面降低了迁移速度，另一方面导致样品拖尾，故使分辨率下降。

在电场中，由于支持物吸附缓冲液中的水分子使支持物表面相对带电，在电场作用下，溶液就向一定方向移动，此种现象称为电渗。如纸电泳所用的滤纸纤维素带有负电荷；琼脂电泳中，所用的琼脂由于大量硫酸根的存在也带有负电荷，它们使水感应，产生水合氢离子（H_3O^+）。在外电场的作用下，水向负极移动。如果被测定样品也带正电荷，则移动更快；如果被测定样品带负电荷，则移动减慢。因此，在选用支持物时，应尽量避免高电渗作用的物质。

分子筛是凝胶电泳的一个特性，用来作电泳的凝胶通常具有网状结构且具有弹性的半固体物质，具有分子筛作用，使小颗粒易透过，而大颗粒不易通过，凝胶的分子筛效应对分离样品是有利的。

（三）分类

1. 按分离原理不同分类 可分为四类，区带电泳、移界电泳、等速电泳和等电聚焦电泳。各种电泳分离原理简单介绍如下。

（1）区带电泳 在半固相或胶状支持物上加一个点或一个薄层样品溶液，然后在支持物上加电场，带电颗粒在支持物上或支持物内迁移，在电泳过程中，不同的离子成分在均一的缓冲液系统中分离成独立的区带，可以用染色等方法显示出来，这是目前应用最广泛的电泳技术。

（2）移界电泳 把电场加在生物大分子溶液和缓冲液之间的界面上，带电颗粒的移动速度可通过光学方法观察界面的移动来测定。这就是 Arne Tiselius 最早建立的电泳方法。它只能起到部分分离的作用，如将浓度对距离作图，则得到一个个台阶状的图形，最前面的成分有部分是纯的，其他则互相重叠。

（3）等速电泳 在电泳达成平衡后，各区带相随，分成清晰的界面，以等速移动。按距离对浓度作图也是台阶状，但不同于上述移界电泳，它的区带没有重叠，而是分别保持。

（4）等电聚焦电泳 由多种具有不同等电点的载体两性电解质在电场中自动形成 pH 梯度，被分离物则各自移动到其等电点而聚成很窄的区带，分辨率很高。

2. 根据支持物种类不同分类 可分为滤纸电泳、醋酸纤维素薄膜电泳、琼脂糖凝胶电泳、聚丙烯酰胺凝胶电泳。

3. 根据支持物形状不同分类 可分为水平板电泳、垂直板电泳、柱状电泳、圆盘电泳、U 形管电泳、毛细管电泳。

（四）应用

1. 醋酸纤维素薄膜电泳 醋酸纤维素薄膜电泳（cellulose acetate membrane electrophoresis）是利用醋酸纤维素薄膜作为固体支持物的电泳技术。醋酸纤维素是纤维素的醋酸酯，由纤维素的羟基经乙酰化而成，常用于血清蛋白质、同工酶的分离。

醋酸纤维素薄膜具有均一的泡沫状结构（厚约120μm），渗透性强，对分子移动无阻力，用它作区带电泳的支持物，由于乙酰基不电离，所以醋酸纤维素几乎不带电荷，吸附作用和电渗作用都很微弱。电泳时用样量少，灵敏度高，区带整齐，分辨率高，几乎无拖尾现象。使用快速简捷，一般电泳时间60分钟左右，加上染色、脱色，整个电泳过程仅需90分钟左右即可完成。醋酸纤维素不与染料着色，漂洗时染料容易脱去，背景干净，区带易于观察。醋酸纤维素薄膜染色后，薄膜可用乙醇和冰醋酸溶液浸泡透明，透明后的薄膜便于长期保存和区带扫描定量分析。但是醋酸纤维素薄膜的吸水性差，电泳时水分容易蒸发。因此，要求电泳槽密闭性能要好，始终维持水蒸气饱和，电流强度不宜过大，一般保持在 0.4~0.6mA/cm 较为合适。

醋酸纤维素薄膜电泳常用于血清蛋白质的分离检测。血清中含有多种蛋白质，其分子量、等电点各不相同，在同一 pH 溶液中，可解离成带有不同电荷的离子，因而在电场作用下，以不同的电泳迁移率聚集在不同的位置，在醋酸纤维素薄膜支持物上呈现出不同的电泳区带，从而实现分离血清中各种不同蛋白质成分的目的。

由于血清蛋白质的等电点多在 pH 4~6（表1），因此，分离血清蛋白质常用 pH 8.6 的巴比妥缓冲液或 Tris 缓冲液。血清蛋白质的等电点均低于 pH 7.0，在 pH 8.6 的碱性缓冲液中各种蛋白质皆带负电荷，在电场中向正极移动。但是，血清中各种蛋白质的等电点不同，在 pH 8.6 的缓冲液中带电荷量的多少不同，加之不同蛋白质的分子量大小不同、形状不同，所以在同一电场中的电泳迁移率也就不同。带电荷多、分子量小、形状趋于球形者，泳动较快；反之，则较慢。在 pH 8.6 的缓冲液中，醋酸纤维素薄膜电泳可将血清蛋白质按其电泳迁移率分成五条主要区带，从正极到负极依次为清蛋白、α_1-球蛋白、α_2-球蛋白、β-球蛋白和 γ-球蛋白，将蛋白质染色后，可按染色区带位置进行定性观察，也可对各条区带进行定量测定。

表1　人血清蛋白质参考值

蛋白质种类	等电点	分子量	占总蛋白质的百分数
清蛋白	4.64	69000	60%~70%
α_1-球蛋白	5.06	200000	2%~3.5%
α_2-球蛋白	5.06	300000	4%~7%
β-球蛋白	5.12	90000~150000	9%~11%
γ-球蛋白	6.85~7.50	156000~300000	12%~18%

2. 琼脂糖凝胶电泳　琼脂糖凝胶电泳（agarosegel electrophoresis）是以琼脂糖凝胶作为支持物的一种电泳技术。琼脂（agar）是由琼脂糖（agarose）和琼脂胶（agaropectin）组成的。琼脂糖的结构单元是 D-半乳糖和 3,6-脱水-L-半乳糖，不带电荷；琼脂胶带硫酸根和羧基组分，带有电荷，电泳过程中会产生较强的电渗现象。琼脂糖是由琼脂经过分离纯化得到的链状多糖，硫酸根含量比较低，通常在 0.2% 以下。琼脂糖凝胶电泳常用于血浆脂蛋白、同工酶、免疫复合物、核酸与核蛋白的分离、鉴定及纯化。

琼脂糖凝胶电泳的优点：电泳时，由于琼脂糖凝胶中含水量大（98%~99%），近似自由电泳，固体支持物的影响较少，故速度快、区带整齐。琼脂糖去除了含硫酸根和羧基的较多的琼脂胶，所以不含带电荷的基团，吸附作用和电渗影响都很小，对蛋白质吸附极微，故无拖尾现象。凝胶结构均匀，孔径较大，可用来分离酶的复合物、核酸、病毒等大分子物质。透明度较好，可直接或干燥成薄膜后进行染色，不吸收紫外光，可直接利用紫外吸收法做定量测定。但是，琼脂糖凝胶仅仅是琼脂糖分子间的物理交联，没有分子间的化学聚合，凝胶网络结构疏松，分辨率较聚丙烯酰胺凝胶电泳低。用于分离蛋白质时，允许分子量小的蛋白质自由通过，没有分子筛效应；用于大分子量 DNA 分离时，则具有分子筛效应。

（1）血清脂蛋白琼脂糖凝胶电泳　血清脂蛋白，不仅在脂类的组成和含量上不同，其蛋白质部分也不相同。各种血清脂蛋白所含有的蛋白质种类和数量不同，故所带电荷量亦不相同；另外，各种脂蛋白颗粒的大小和形状也各不相同，所以在电场中电泳迁移率也各不相同，从而得到分离。血清脂蛋白中所含的蛋白质有多种，它们的等电点都低于 pH 7.3，在 pH 8.6 的缓冲液中，血清脂蛋白均带负电荷，利用琼脂糖凝胶作支持物进行电泳，能将血清中脂蛋白分成四个组分，从正极到负极依次为 α-脂蛋白、前 β-脂蛋白、β-脂蛋白和乳糜微粒。除可定性外，还可以通过洗脱法或吸光度扫描法对各种脂蛋白进行定量测定。

（2）DNA 琼脂糖凝胶电泳　目前，用琼脂糖作为电泳支持物，用途最广的是用于核酸的分离、鉴定，如 DNA 条带分离、DNA 分子量测定和 DNA 限制性内切酶图谱分析等，是分子生物学和基因工程研究中最常用的方法之一。

DNA 分子在碱性电泳缓冲液中带负电荷，在外加电场作用下向正极泳动。DNA 分子在琼脂糖凝胶中泳动时，有电荷效应与分子筛效应。不同 DNA 的分子量大小及构型不同，电泳迁移率就不同，从而分出不同的区带。DNA 分子的电泳迁移率与分子量的对数值成反比关系。因此，将已知大小 DNA 标准物（DNA marker）与未知大小 DNA 片段一起电泳，通过 DNA 标准物移动距离与未知大小 DNA 片段移动距离进行比较，便可测出未知 DNA 片段的大小。

一定大小 DNA 片段在不同浓度的琼脂糖凝胶中进行电泳时，电泳迁移率不同。为有效分离不同大小的 DNA 片段，就要选择合适浓度的琼脂糖凝胶，不同浓度的琼脂糖凝胶分离 DNA 片段的范围见表 2。

表 2　不同浓度的琼脂糖凝胶分离 DNA 片段的范围

琼脂糖凝胶浓度［%（W/V）］	DNA 片段的分离范围（kb）
0.3	5~60
0.6	1~20
0.7	0.8~10
0.9	0.5~7
1.2	0.4~6
1.5	2.2~4
2	0.1~3

琼脂糖凝胶电泳不仅可分离不同分子量的 DNA，也可以分离分子量相同但构型不同的 DNA 分子。不同构型的 DNA 分子在琼脂糖凝胶中电泳时的电泳迁移率差别较大，在分子量相同的情况下，不同构型的 DNA 分子的电泳迁移率如下：共价闭合环状 DNA>线性 DNA>开链环状 DNA。

3. 聚丙烯酰胺凝胶电泳　聚丙烯酰胺凝胶电泳（polyacrylamide gel electrophoresis，PAGE）是以聚丙烯酰胺凝胶作为支持物的一项电泳技术。聚丙烯酰胺凝胶是由单体丙烯酰胺（acrylamide，Acr）和亚甲基双丙烯酰胺（N,N'-methylene bisacrylamide，Bis）在加速剂和催化剂作用下聚合交联形成的三维网状结构凝胶。其优点是：聚丙烯酰胺凝胶电泳是把分子筛效应和电荷效应结合在一起的一种具有高分辨率的电泳方法。该凝胶是一种酰胺多聚物，侧链具有不活泼的酰氨基，惰性较强，几乎无电渗现象。在一定浓度时，透明性好，有弹性，机械强度好，制成多聚物的再现性高，样品分离重复性好，对 pH 和温度变化较稳定，并能通过改变单体和交联剂的浓度调节凝胶的孔径大小。聚丙烯酰胺凝胶电泳所需设备简单，分离时间短，既适用于小量样品的分离鉴定，也适用于较大量样品的分离制备。因此，该方法可用于蛋白质和核酸等生物大分子的分离、定性及分子量测定，也可用于核酸序列分析。该方法的缺点是：①凝胶聚合易受各种因素影响，如分子氧阻止链的聚合，低温可使聚合速度变慢；②单体丙烯酰胺及亚甲基双丙烯酰胺对神经系统和皮肤有毒性作用；③加速剂四甲基乙二胺（TEMED）对黏膜和上呼吸道组织及皮肤有很大的破坏作用等。

（赵　乐）

二、分光光度技术

（一）概述

光根据波长划分成多个区带，不同的光具有不同的波长范围。波长范围在 400~750nm 的光称为可见光，是肉眼可见的；波长范围小于 400nm 的光线称为紫外光，而大于 750nm 的光称为红外光，紫外光和红外光肉眼均观察不到。可见光、紫外光和红外光又可进一步被划分为多个波长区带。

物质对光具有选择性的吸收作用，因此，每种物质都具有其特异的吸收光谱。有色物质之所以能够呈现出颜色，是由于它对光的吸收具有选择性。白色光实际上是由红、靛、蓝、绿、黄、紫、橙色等光混合而成的一种波长在 400~750nm 的电磁波。当白色光通过溶液时，如果溶液对各种波长的光都不吸收，则溶液透明无色；如果溶液对某些波长的光吸收较少，而对其他波长的光吸收较多，则溶液呈现这种透过较多的光的颜色。例如，溶液吸收蓝绿色光，透过红色光较多，则溶液呈现红色；吸收了蓝色光，而透过较多的黄色光，则溶液呈现黄色。也就是说，溶液呈现的颜色是它所吸收光的互补色，吸收愈多，颜色愈深。如果溶液对光的吸收没有明显的选择性，即较均匀地吸收时，则溶液是灰色。

分光光度技术就是利用物质所特有的吸收光谱来鉴别物质或测定其含量的一项技术。分光光度技术不局限于可见光，还可以拓展至紫外光及红外光。此外，对于复杂组分的溶液体系无须特殊分离步骤，即可检测出其中所含的组分情况，反应过程具有较高的效率和较强的特异性，操作简便易行。目前，分光光度技术已在生物化学与分子生物学领域中被广泛使用，其中紫外-可见分光光度法最为普遍。紫外-可见分光光度法是利用分光装置，将光源产生的连续光谱分成含紫外光或可见光的各种单色光，再用单色光照射待测溶液，经检测器接受透过光的强弱，并转换成电信号，从而实现对物质进行定性或定量分析的方法。用于分光光度分析的仪器称为分光光度计。

（二）原理

1. 朗伯-比尔定律　朗伯-比尔（Lambert-Beer）定律是分光光度计进行比色分析的基本原理，该定律主要讨论有色溶液对单色光的吸收程度与溶液的浓度及液层厚度间的定量关系。

在分光光度分析中，有色物质溶液颜色的深浅与入射光的强度、有色物质溶液的浓度和液层的光径均有关系。当一束单色光透过有色物质溶液时，溶液的浓度愈大，透过液层的光径愈大，入射光强度越大，则吸收光线愈多，光强度的减弱程度也越显著。

（1）朗伯定律　朗伯（Lambert）定律阐明了溶液的吸光度与吸收液层的光径之间的比例关系。当单色光通过一吸收光介质时，其光强度（透光度）随吸收光介质的光径增加而减少，A 表示吸光度，L 表示液层光径，则 $A = K_2 L$（K_2 为比例常数，与入射光波长及溶液的性质和浓度有关）。由朗伯定律可知，当入射光的波长、吸光物质的浓度和溶液的温度一定时，溶液的吸光度与液层光径成正比。

（2）比尔定律　比尔（Beer）定律表明了光吸收与溶液浓度之间的正比关系。单色光通过一吸收光介质时，光强度（透光度）随该物质浓度增长而呈指数减少。$A = K_1 c$（K_1 与入射光的波长及溶液的性质、液层厚度和温度有关），当入射光的波长、液层光径和溶液温度一定时，溶液的吸光度和溶液的浓度成正比。

（3）朗伯-比尔定律　若同时考虑溶液的浓度 c 和液层光径 L 对吸光度的影响，则将上述两定律合并为朗伯-比尔定律。

$$A = KcL$$

式中，K 是常数，也称为消光系数，表示物质对光线吸收的本领，其值与入射光的波长、物质的性质和溶液的温度等因素有关。c 表示溶液的浓度，L 代表光径（液层的厚度）。

此定律表示，当一束单色光通过均匀溶液时，其吸光度与溶液的浓度和厚度的乘积成正比。

1）比消光系数　比消光系数（specific extinction coefficient）是指物质浓度为 10g/L，光径为 1cm 时溶液的吸光度。常用于一些分子量不易测得的生物大分子（如蛋白质、核酸等）的测定。

2）摩尔消光系数　摩尔消光系数（molar extinction coefficient）以 ε 表示，单位为 L/（mol·cm），表示物质的浓度为 1mol/L，光径为 1cm 时，溶液的吸光度。ε 是物质的特征常数，是鉴别化合物的重要指标。

3）百分消光系数　《中华人民共和国药典》（2015 年版）规定的吸收系数，是指溶液浓度为 1%，液层厚度为 1cm 时溶液的吸光度。

2. 测定条件的选择

（1）入射光波长的选择　为使测定结果有较高的灵敏度，在一般情况下，入射光应选择被测物质溶液的最大吸收波长。若遇到干扰时，则可选另一灵敏度稍低，但能避免干扰的入射光。因此，选择适当波长不仅能提高分析的灵敏度，还能提高分析的准确度。

（2）控制适当的吸光度值范围　一般应控制标准溶液和测试液的吸光度值为 0.2~0.8，可从下面三方面加以考虑：①选择合适的溶液浓度；②选择合适厚度的比色皿；③选择适当的对照溶液。在测量吸光度时利用参比溶液来调节仪器的零点，可以消除由于比色皿壁及溶剂对入射光的反射和吸收带来的误差。

在实际工作中，有时标准曲线不通过零点，造成这种情况的原因很复杂，主要是由于对照溶液选样不当、比色皿厚度不等、比色皿放置位置不妥或比色皿透光面不清洁等引起。此外，溶液中吸光物质浓度不同、络合物组成发生改变、络合物离解度较大等，也可能导致标准曲线下部弯曲，不通过零点。

3. 应用朗伯-比尔定律的注意事项

（1）对照溶液的选择　测量时，根据不同情况选用不同的对照溶液，当显色剂及其他试剂均无色，而被测溶液中又无其他离子时，可用蒸馏水作对照溶液；如显色剂本身有颜色，则用显色剂作对照；如显色剂本身无色，而被测溶液中有其他有色离子时，则用不加显色剂的被测溶液作对照。

（2）滤光片或入射光波长的选择　某些情况下，测得的吸光度与浓度之间不呈直线关系，这时就应注意选择合适的分光比色条件，才能得到准确的结果。选择最适合的滤光片或入射光波长，使溶液对这种波长范围的光有最大的吸收，这样才能达到较高的灵敏度。同时，单色光的波长范围应该较窄，即单色光的纯度较高，这样才能较好地符合朗伯-比尔定律（严格说来，朗伯-比尔定律只适用单色光）。

（3）比色皿的选择　测量时，光吸收的大小应适当，过大或过小均会带来较大的测定误差，为此可调节溶液浓度和使用不同厚度的比色皿。

4. 分光光度计的构造及使用

（1）光源　作为分光光度计理想光源的条件是：①光源辐射连续不间断；②光强度大；③光谱强度在整个光谱区内均较为稳定，不随波长的变动出现明显的变化；④光谱范围宽；

⑤经济实用，价格低廉。

用于可见光和近红外光区的光源是钨灯，现在最常用的是卤钨灯（halogen lamp），即石英钨灯泡中充以卤素，以提高钨灯的寿命。适用波长范围是 $320 \sim 1100nm$。由于能量输出的波动为电压波动的四次方倍，因此电源电压必须稳定。用于紫外光区的是氘灯（deuterium lamp），适用波长范围是 $195 \sim 400nm$，由于氘灯寿命有限，国产氘灯寿命仅 500 小时左右，要注意节约灯时。

（2）单色器　单色器是指能从混合光波中分解出来所需单一波长光的装置，由棱镜或光栅构成。它的主要组成部件和作用是：①入射口，限制杂散光进入；②棱镜，即色散原件，将混合光分解为单色光，是单色器的核心原件；③准直镜，把来自色散元件的平等光聚焦于出射口上；④出射口，只允许预先设定波长的光射出单色器。

转动棱镜的波长盘，可以改变单色器出射光束的波长；调节出入射口的宽度，可以改变出射光束的带宽和单色光的纯度。出射口的宽度通常有两种表示方法：一种为出射口实际宽度，以毫米（mm）表示；另一种为光谱频带宽度，即指由出射口射出光束的光谱宽度，以纳米（nm）表示。例如，出射口的宽度是 10nm，是指由此出射口射出的光具有 10nm 的光谱带宽，而并非指出射口的宽度实际是 10nm。纯粹的单色光只是一种理想情况，分光光度计所能得到的"单色光"，实际上只是具有一定波长范围的谱带，出射口越宽，其波长范围也愈宽。对单色光纯度来说，出射口越窄，其波长范围越小，结果越准确；但另一方面，光的强度也就越弱，因此，出射口的宽度不能无限制地减小，其最小宽度取决于检测器能准确地进行测量的最小光能量。目前达到的最小宽度为 0.1nm。

分辨率是仪器对相邻的两个峰可分辨的最小波长间隔，是仪器分辨邻近两条谱线的能力。出射口宽度越小，光谱带宽越窄，分辨率就越高。因此，设定两条谱线的峰与谷处于同一位置时，两个峰被认为是刚好能分辨。由于棱镜分光，其色散是线性的，所以只用一种出射口的宽度对各种波长的光的测量，其分辨率均相同，即出射口宽度不必经常调节。在实际应用中，在满足光强度的基础上，应使用尽可能小的出射口宽度，以提高分辨率。

（3）比色皿　比色皿又称比色杯、比色池，一般由玻璃、石英和溶凝石英制成，用来盛被测试的溶液。不同的检测波长可选用不同材料制成的比色皿。可见光区或近红外光区检测应选用普通光学玻璃比色皿，紫外光区检测应选用石英玻璃比色皿。为保证吸光度值测定的准确性，同一测量使用的比色皿应具有相同的透光特性和光径。

比色皿使用注意事项：①使用前要彻底清洗比色皿。首先用自来水冲洗，之后再用蒸馏水冲洗三遍，最后倒入少量待装溶液润洗。如比色皿之前盛装的溶液较难清洗，可用洗洁精先行浸泡，用小刷子刷洗干净后，再用自来水反复冲洗，去除残留的洗洁精。不可用超声波清洗比色皿。②比色皿外壁分粗糙面和透光面。光线从透光面射过。手持比色皿时需持粗糙面，不可用手指触摸透光面，防止留下指纹影响测定结果。擦拭透光面时需用专用吸水纸，严禁用其他质地较硬的纸张。③严禁加热烘烤，以防比色皿变形。④测定吸光度值时，倒入比色皿达 $2/3 \sim 3/4$ 高度即可，不可装满，防止溶液溢出污染仪器。

（4）检测器　检测器是一种光电转换设备，即把光强度以电讯号显示出来，常用的检测器有光电管、光电倍增管和光电二极管等三种。

1）光电管　光电管含有一个阴极和一个阳极，阴极是用对光敏感的金属（多为碱土金属的氧化物）做成，当光射到阴极且达到一定能量时，金属原子中电子发射出来。光强度越大，光波的振幅愈大，电子释放愈多。电子是带负电的，被吸引到阳极上而产生电流。光电管产生的电流很小，可检测到 $10\sim 11A$ 的光电流，管内抽真空充入惰性气体。

2）光电倍增管　光电管产生电流很小，需要放大。分光光度计中常用电子倍增光电管，在光照射下所产生的电流比其他光电管要大得多，是检测弱光的最灵敏、最常用的光电元件，其灵敏度比光电管高 200 多倍，光电子由阴极到阳极重复发射 9 次以上，每一个光电子最后可产生 $10^6\sim 10^7$ 个电子，因此，总放大倍数可达 $10^6\sim 10^7$ 倍，光电倍增管的响应时间极短，能检测 $10^{-8}\sim 10^{-9}$ 秒级的脉冲光。其灵敏度与光电管一样受到暗电流的限制，暗电流主要来自阴极发射的热电子和电极间的漏电。

3）光电二极管　近年来分光光度计中越来越多地使用光电二极管作检测器，尽管不如光电倍增管灵敏度高，但它具有较好的稳定性、使用寿命更长、价格便宜等优势。其原理是这种硅二极管受紫外-近红外辐射照射时，其导电性增强的大小与光强成正比。这种新型分光光度计的特点是：氘灯发射的光经透镜聚焦后穿过比色皿后，经全息光栅色散后被二极管阵列的各个二极管接收，信号由计算机进行处理和存储，因而扫描速度极快，约 10 毫秒就可完成全波段扫描，并绘出吸光度、波长和时间的三维立体色谱图，可以最方便快速地得到任意波长的吸收数据，它最适宜用于动力学测定，也是高效液相色谱仪最理想的检测器。

（5）测量装置　一般常用的紫外分光光度计和可见分光光度计有三种测量装置，即电流表、波长分度盘和测量读数盘。现代的仪器常附有自动记录仪，可自动描出吸收曲线。

（三）分类

紫外-可见分光光度计，按其光学系统可分为单波长与双波长分光光度计、单光束与双光束分光光度计、双光束紫外-可见分光光度计。

单光束仪器中，分光后的单色光直接透过比色皿，交互测定待测比色皿和对照比色皿。这种仪器结构简单，适用于测定特定波长的吸收，进行定量。而双光束仪器中，从光源发出的光经分光后再经扇形旋转镜分成两束，交替通过待测比色皿和对照比色皿，测得的是透过待测溶液和对照溶液的光信号强度之比。双光束仪器克服了单光束仪器由于光源不稳引起的误差，并且可以方便地对全波段进行扫描。

双波长紫外-可见分光光度计，既可用作双波长分光光度计，又可用作双光束仪器。双波长仪器的主要特点是可以降低杂散光，光谱精度高。

常用的分光光度计主要有 721 型、722 型、723 型、751 型、753 型、755 型等。721 型分光光度计波长范围为 $360\sim 800nm$，在 $410\sim 710nm$ 灵敏、适用。现以 721 分光光度计为例，使用方法如下：

（1）将该仪器放置于干燥的环境中，使用时放置在坚固平稳的工作台上，室内照明不宜太强。热天时不能用电扇直接向仪器吹风，防止灯泡灯丝发光不稳定。

（2）使用本仪器前，首先了解本仪器的结构和工作原理，以及各个操纵旋钮之功能。在未按通电源之前，应该对仪器的安全性能进行检查，电源接线应牢固，通电也要良好，各个调节旋钮的起始位置应该正确，然后再按通电源开关。

（3）在仪器尚未接通电源时，电表指针必须对准"0"刻度；如未对准，则需用电表上的校正螺丝进行调节。

（4）将仪器电源开通，打开比色皿暗箱盖，选择需用的波长，灵敏度选择"0"电位器；然后将比色皿暗箱盖合上，比色皿座处于蒸馏水校正位置，使光电管受光，旋转调"100%"电位器，使电表指针到满度附近，仪器预热 20 分钟。

（5）放大器灵敏度有五挡，是逐步增加的，"1"最低。其选择原则是保证能使空白挡良好调到"100%"的情况下，尽可能采用灵敏度较低挡，这样仪器将有更高的稳定性。所以使用时一般置"1"，灵敏度不够时再逐渐升高，但改变灵敏度后需按"4"重新校正"0"和"100%"，仪器即可进行测定工作。

（6）预热后按"4"连续几次调整"0"和"100%"，仪器即可进行测定工作。

（7）如果大幅度改变测试波长时，在调整"0"和"100%"后稍等片刻，当指针稳定后，重新调整"0"和"100%"即可工作。

（8）仪器分析结束后，并关掉电源开关。

（四）应用

1. 测定溶液中物质的含量　可见光或紫外分光光度法都可用于测定溶液中物质的含量。测定标准溶液（浓度已知的溶液）和未知液（浓度待测定的溶液）的吸光度值，然后进行比较，求出测定溶液的浓度；也可以先测出不同浓度的标准溶液的吸光度值，绘制标准曲线，在选定的浓度范围内标准曲线应该是一条直线，然后测定出未知液的吸光度值，即可从标准曲线上查到其相对应的浓度。这种测定物质含量的方法已经广泛地应用于核酸、蛋白质、氨基酸等物质含量的测定上。

（1）核酸含量的测定　核酸的定量是分光光度计使用频率最高的功能，可以定量溶于缓冲液的寡核苷酸（oligonucleotide，Olig）、单链（single strand，ss）或双链（double strands，ds）DNA 以及 RNA。核酸最高吸收峰的吸收波长为 260nm。每种核酸的分子构成不一，因此其换算系数不同。定量不同类型的核酸，事先要选择对应的系数。如 1OD 分别相当于 $50\mu g/ml$ 的 dsDNA、$37\mu g/ml$ 的 ssDNA、$40\mu g/ml$ 的 RNA、$30\mu g/ml$ 的 Olig。测试后的吸光度值经上述系数的换算，即可得出相应的样品浓度。

除了核酸浓度，分光光度计同时显示几个非常重要的比值表示样品的纯度，如 A_{260}/A_{280} 的比值，用于评估样品的纯度，因为蛋白质的吸收峰是 280nm。纯净的样品，比值大于 1.8（DNA）或者 2.0（RNA）。如果比值低于 1.8 或者 2.0，表示存在蛋白质或者酚类物质的影响。A_{230} 表示样品中存在一些污染物，如糖类、多肽、苯酚等，较纯净的核酸 A_{260}/A_{230} 的比值大于 2.0。A_{320} 检测溶液的浑浊度和其他干扰因子，纯样品 A_{320} 一般是 0。

（2）蛋白质含量的测定　蛋白质含有色氨酸、酪氨酸等氨基酸残基，在 280nm 紫外光处有最大吸收峰，故可用 280nm 的吸光度值来测定蛋白质的含量。目前常用的有 Lowry 法、色素结合法、紫外吸收法和双缩脲法等。

根据不同的分析目的，选用相应的提取介质，如蒸馏水、缓冲液、稀碱、稀酸或盐溶液等提取出蛋白质，注意提取过程中应在低温下进行，以防止蛋白水解酶的水解。此外，由于核酸在 280nm 也有光吸收，通过计算可以消除其对蛋白质测定的影响，因此溶液中存在核酸时，必须同时测定 280nm 和 260nm 的吸光度值，这样测得的蛋白质浓度较为精确。

（3）氨基酸含量的测定　氨基酸与茚三酮水合物共同加热时，氨基酸被氧化脱氨、脱羧，茚三酮水合物被还原，其还原物可与氨基酸加热分解产生的氨结合，再与另一分子茚三酮缩合形成蓝紫色的化合物，此缩合物最大吸收峰在 570nm 处。由于吸光度的大小与氨基酸释放出的氨量成正比，因此可作为氨基酸的定量分析方法。

（4）糖类含量的测定　用蒸馏水或 70% 的乙醇抽提样品后，还需要沉淀其中的蛋白质，经过滤或离心后，用上清液进行测定。常用的方法主要有：二硝基水杨酸法和斐林试剂比色法测定还原糖，蒽酮比色法和苯酚法测定可溶性糖。

2. 用紫外光谱鉴定化合物　使用分光光度计可以绘制吸收光谱曲线。方法是用各种不同波长的单色光分别通过某一浓度的溶液，测定此溶液对每一种单色光的吸光度，然后以波长为横坐标，以吸光度为纵坐标绘制吸光度-波长曲线，此曲线即吸收光谱曲线。各种物质有它自己一定的吸收光谱曲线，因此，用吸收光谱曲线图可以进行物质种类的鉴定。当一种未知物质的吸收光谱曲线和某一已知物质的吸收光谱曲线开关一样时，则很可能它们是同一物质。一定物质在不同浓度时，其吸收光谱曲线中，峰值的大小不同，但形状相似，即吸收高峰和低峰的波长是一定不变的。不饱和的结构可造成紫外线吸收，即含有双键的化合物表现出吸收峰。紫外吸收光谱比较简单，同一种物质的紫外吸收光谱应完全一致，但具有相同吸收光谱的化合物，其结构不一定相同。除了特殊情况外，单独依靠紫外吸收光谱决定一个未知物结构，必须与其他方法配合。紫外吸收光谱分析主要用于已知物质的定量分析和纯度分析。

（任　历）

三、色谱技术

（一）概述

色谱技术（chromatographic technique）是近代生物化学、分子生物学及其他学科领域有效的分离分析方法之一。此种方法可以分离和鉴定性质极为相似，而且用一般化学方法难以分离的多种化合物，如氨基酸、蛋白质、糖、脂类、核苷酸、核酸等。早在 1903 年，俄国植物学家 M. Tswett 应用色谱技术成功分离提取了植物色素，他将叶绿素的石油醚溶液倒入碳酸钙管柱，并继续以石油醚淋洗，由于碳酸钙对叶绿素中各种色素的吸附能力不同，所以色素被逐渐分离，分离后的不同颜色的色素在碳酸钙的吸附柱上从上到下排列成色谱，于是就称这种混合物的分离方法为有色的图谱法，简称色谱法。不过，当时该方法并未引起人们的注意。1931 年德籍奥地利化学家 R. Kuhn 用氧化铝柱分离了胡萝卜素的两种同分异构体，显示了这一技术极佳的分离效果，因此引起了人们的广泛关注。此后，随着科学技术的发展以及生产实践的需要，色谱技术也得到了迅速的发展。首先是色谱介质有了飞速的发展，各种人工合成的介质出现，如硅胶、聚苯乙烯二乙烯基树脂、琼脂糖、葡聚糖、聚丙烯酰胺等树脂或凝胶的出现，极大地拓展了色谱技术的应用领域和范围，基于不同介质的色谱方法也如雨后春笋般不断涌现。自 1944 年应用滤纸作为固定支持物的纸色谱诞生以来，色谱技术的发展越来越快。20 世纪 50 年代开始，相继出现的气相色谱、高压液相色谱、薄层色谱、薄膜色谱、亲和色谱和凝胶色谱等也迅速发展起来。

（二）原理

色谱技术是一种利用混合物中各组分的物理、化学及生物学性质间的差异（如溶解度、分子极性、分子大小、分子形状、吸附能力、分子亲和力等），使各组分在某种基质中移动速度不同，从而在支持物上集中分布在不同区域，借此将各组分分离的方法。色谱系统由两个相组成：一是固定相，它是固体物质或者是固定于固体物质上的成分；另一相是流动相，即流过固定相的液体或气体。当待分离的混合物随流动相通过固定相时，由于各组分的理化性质存在差异，与两相发生相互作用（吸附、溶解、结合等）的能力不同，即各组分所受固定相的阻力和流动相的推力影响不同，在两相中的分配不同，而且随流动相向前移动，各组分不断地在两相中进行再分配。与固定相相互作用力越弱的组分，随流动相移动时受到的阻滞作用小，向前移动的速度快。反之，与固定相相互作用越强的组分，向前移动速度越慢。分步收集流出液，即可得到样品中的单一组分，从而达到将各组分分离、纯化的目的。

分配过程进行的速度，可用分配系数 K 表示：

$$K = \frac{溶质在固定相中的浓度}{溶质在流动相中的浓度}$$

比值 K 在低浓度时是个常数，只受温度影响。不同的机制，K 的含义不同。在吸附色谱中，K 为吸附平衡常数；在分配色谱中，K 为分配系数；在离子交换色谱中，K 为交换常数；在亲和色谱中，K 为亲和系数。

混合物中各组分的分配系数往往是不同的，即保留在固定相中的特性是不同的。常用保留时间或保留体积来衡量。保留时间，即被分析样品从进样开始到流出液中出现浓度极大点的时间；保留体积，即被分析样品从进样开始到流出液中出现浓度极大点时，所通过流动相的体积。分配系数 K 值大，说明该物质在柱中被吸附得牢，移动速度慢，在固定相中停留的时间长，将最后出现在洗脱液中（也即保留体积大，保留时间长）。反之，如 K 值小，即这种物质在柱中被吸附得弱，移动速度快，将首先出现在洗脱液中（也即保留体积小，保留时间短）。可见混合物中各组分之间分配系数 K 值相差愈大，各物质愈容易分开。如果 $K=0$，就意味着溶质不能进入固定相，而始终保留在流动相里，并随着流动相迅速地流出。显然，这种固定相和流动相体系是不能实现分离的。因此，应当根据被分离物质的化学结构和性质（极性）适当地选择固定相和流动相，并且使各组分的分配系数尽可能大一些，就可以实现混合物中各组分的完全分离。

（三）分类

1. 按色谱流动相不同进行分类　流动相有液体和气体两种状态。液体作为流动相，称为液相色谱；气体作为流动相，称为气相色谱。固定相有液体和固体两种状态，即以固体吸附剂作为固定相和以附载在固体上的液体作为固定相。所以，色谱法按两相所处的状态可以进行以下分类。

（1）液相色谱

1）液-固色谱　液体作为流动相，固体吸附剂作为固定相。

2）液-液色谱　液体作为流动相，附载在固体上的液体作为固定相。

（2）气相色谱

1）气-固色谱　气体作为流动相，固体吸附剂作为固定相。

2）气-液色谱　气体作为流动相，附载在固体上的液体作为固定相。

2. 按色谱分离机制进行分类

（1）分配色谱　利用不同组分在流动相和固定相之间的分配系数（或溶解度）不同，而使之分离的技术。

（2）吸附色谱　利用不同组分被吸附剂表面吸附性能的差异，而使之分离的技术。

（3）离子交换色谱　利用不同组分对离子交换剂亲和力的不同，而进行分离的技术。

（4）凝胶色谱　利用某些凝胶对不同组分因其分子大小不同而阻滞作用不同，从而进行分离的技术。

（5）亲和色谱　利用某些生物高分子能与相应的配体专一可逆结合的机制，而进行分离纯化高分子的技术。

3. 按色谱装置进行分类

（1）柱色谱　将固定相装于柱内，使样品沿一个方向移动而使之各组分达到分离。

（2）纸色谱　用滤纸作液体的载体，附载在滤纸上的 H_2O 作固定相，有机溶剂作流动相。点样后，用流动相展开，使样品中各组分分离。

（3）薄层色谱　将作为固定相的支持剂涂于支持板上（一般为玻璃板）进行的一种色谱技术。根据支持剂的不同，薄层色谱又分为：薄层吸附色谱、薄层分配色谱、薄层离子交换色谱和薄层凝胶色谱等。

（四）各类色谱的原理及应用

1. 分配色谱　分配色谱是利用混合物中各组分在两相中分配系数不同而使之分离的色谱技术。现在应用的分配色谱技术，大多数是以一种多孔物质（即载体）吸着一种极性溶剂，此极性溶剂在色谱过程中始终固定在多孔支持物上而被称为固定相。另用一种与固定相不相溶的非极性溶剂流过固定相，此移动溶剂称为流动相。如果有多种物质存在于固定相和流动相之间，将随着流动相的移动进行连续的、动态的不断分配。如果各种物质的分配系数相近，就必须移动相当长的距离才能分开；反之，两种物质的分配系数相差越大，彼此分开时的移动距离就越短。载体在分配色谱中只起负载固定相的作用，它们是一些吸附力小、反应性弱的惰性物质如滤纸、硅胶、硅藻土、纤维素粉、淀粉、微孔聚乙烯粉等。固定相除水外，也可用稀硫酸、甲醇、仲酰胺等强极性溶液，流动相则采用比固定相极性小或非极性的有机溶剂。

纸色谱是应用最广泛的一种分配色谱，以滤纸为载体，滤纸上吸附着的水（含 20%~22%）是经常使用的固定相。某些有机溶剂如醇、酚为常用的流动相。把欲分离的物质加在纸的一端，使流动相溶剂经此移动，这样就在两相间发生分配现象。由于样品中各组分的分配系数不同，就逐渐在纸上分别集中于不同的部位。在固定相中分配趋势较大的组分，随流动相移动速度较慢；在流动相中分配趋势较大的组分，则移动速度较快。物质在纸上的移动速率可以用相对迁移率 R_f 表示。

$$R_f = \frac{色斑中心至点样原点中心的距离}{溶剂前缘至点样原点中心的距离}$$

物质在一定溶剂中的分配系数是一定的，R_f 也恒定，因此可以根据 R_f 值来鉴定被分离的物质。

纸色谱法按操作方法分成两类，即垂直型和水平型。垂直型是将滤纸条悬起，使流动相向上或向下扩散。水平型是将圆形滤纸置于水平位置，流动相由中心向四周扩散。

垂直型使用广泛，按分离物质的多寡，将滤纸截成长条，在某一端离边缘 2~4cm 处点样，待干后，将点样端边缘与溶液接触，在密闭的玻璃缸内展开。

样品只用一种溶剂系统进行一次展开，称为单向色谱。如果样品组分较多，而且彼此的 R_f 值相近，单向色谱分离效果不佳，此时可采用双向色谱，即在长方形或方形滤纸的一角点样，卷成圆筒形，先用第一种溶剂系统展开；展开完毕吹干后，转 90°，再放于另一溶剂系统中，向另一方向进行第二次展开，如此可使各组分的分离较为清晰，见图 1。

纸色谱由于其设备十分简单、价廉，所需样品少，分辨力一般能达到要求等优点而被广泛应用。纸色谱可用于物质的分离、定性及定量，对氨基酸、肽类、核苷及核苷酸、糖、维生素、抗生素、有机酸等小分子物质都很适用，但对核酸和蛋白质大分子等的分辨力不高。在发酵工业中，常用于菌种筛选阶段的物质鉴定。

2. 吸附色谱　吸附色谱是指混合物随流动相通过固定相时，由于吸附剂对不同物质的不同吸附力，而使混合物分离的方法。吸附是物质表面的一个重要性质，任何两相都可以形成

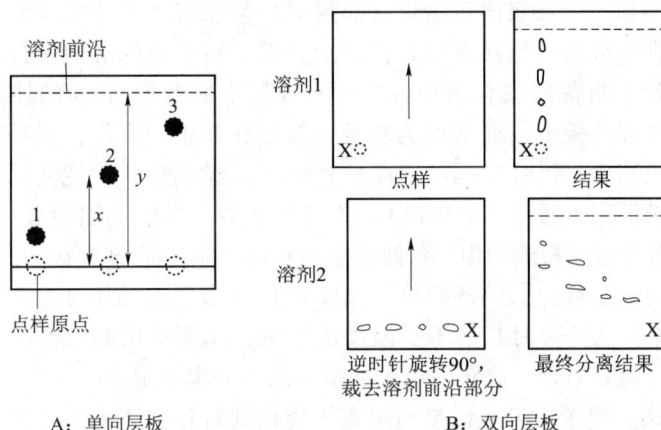

A：单向层板　　　　　　　　　　　　B：双向层板

图 1　纸色谱

x、y 分别为原点至②号斑点中心和溶剂前沿的距离

X 为点样原点

表面，吸附就是其中一相（如流动相分子或溶解于其中的溶质分子）密集在另一相（如固定相吸附物）表面上的现象。在固体与气体之间、固体与液体之间、液体与气体之间的表面上都可能发生吸附现象。凡能将其他物质聚集到自己表面上的物质，都称为吸附剂，如氧化铝、硅胶等。聚集于吸附剂表面的物质就称为被吸附物。吸附过程是可逆的，被吸附物在一定条件下可以解吸出来。在单位时间内，被吸附于吸附剂某一表面上的分子与离开此表面的分子之间可以达到动态平衡，称为吸附平衡。色谱过程就是不断地形成平衡与不平衡、吸附与解吸的动态平衡过程。

吸附色谱是各种色谱技术中应用最早的一类，至今仍广泛应用于各种天然化合物和微生物发酵产品的分离、制备。根据操作方式的不同，吸附色谱可分为柱吸附色谱与薄层吸附色谱两种。

（1）柱吸附色谱　柱色谱的装置是用一根玻璃管柱，下端铺垫棉花或玻璃棉，管内加吸附剂粉末，用一种溶剂稀释后，即成为吸附柱。然后在柱顶部加入要分离的样品溶液。假如样品内含两种组分 A 与 B，则两者被吸附在柱上端，形成色圈。样品溶液全部流入吸附柱中时，立即加入合适的溶剂洗脱，A 与 B 就随着溶剂以不同的移动速率向下流动，最后可使 A 与 B 分离。

在洗脱过程中，管内连续发生溶解、吸附、再溶解、再吸附的现象。例如，被吸附的 A 粒子被溶解（解吸作用）而随溶剂下移，但遇到新的吸附剂，又将 A 吸附，随后，新溶剂又使 A 溶解下移。按照同样道理，由于溶剂与吸附剂对 A 与 B 的溶解力与吸附力不完全相同，A 与 B 移动的距离也不同，经过一定时间，如此反复地溶解与吸附，可形成两个环带，每一环带是一种纯物质。如 A 与 B 有颜色，就可看到色层；如样品无色，可用其他方法使之显色。为了进一步鉴定，可将吸附柱从管中顶出来，用刀将各色层分段切开，然后分别洗脱。现在多采用溶剂洗脱法，即连续加入溶剂，连续分段收集洗脱液，直到各组分全部依次从柱中洗出为止。

常用的吸附剂有硅胶、氧化铝、活性炭、硅酸镁、聚酰胺、硅藻土等。其中硅胶的吸附能力与其含水量关系极大，硅胶吸水后，吸附能力下降。

通常非极性的与极性不强的有机物如胡萝卜素、甘油酯、磷脂、胆固醇等的分离，用这种方法最合适。

（2）薄层吸附色谱 薄层吸附色谱是将吸附剂均匀涂布于支持板（常用玻璃板和涤纶布等）上形成薄层，把待分离的样品点加在薄层上，然后用合适的溶剂进行展开，使样品中各组分得到分离的过程。制备薄层有两种方法：一种是不加黏和剂，将吸附剂干粉如氧化铝、硅胶等直接均匀铺在玻璃板上，通常称为软板，其制作简单、方便，但易被吹干；另一种是加黏和剂如水或其他液体，将吸附剂调成糊状再铺板，经干燥后才能使用，通常称硬板，虽制备较复杂，但易于保存。通常用氧化铝 G（G 表示石膏，即氧化铝中含 5% 煅石膏）或硅胶 G 制备硬板，此外也可用淀粉或羧甲基纤维素钠（CMC）作黏合剂制板。

薄层吸附色谱的优点是：①设备简单，操作容易；②色谱展开时间短，只需数分钟到几小时，即可获得结果；③分离时几乎不受温度的影响；④可采用腐蚀性的显色剂，而且可以在高温下显色；⑤分离效果好。此法适用于微量样品的分离鉴定。

3. 离子交换色谱 离子交换色谱是利用离子交换剂对各种离子的亲和力不同而使离子分离的技术。1848 年，Thompson 等人在研究土壤碱性物质交换过程中发现离子交换现象。20 世纪 40 年代，出现了具有稳定交换特性的聚苯乙烯离子交换树脂。50 年代，离子交换色谱应用到生物化学领域，主要用于氨基酸的分离。目前离子交换色谱仍是生物化学领域中常用的一种色谱方法，被广泛地应用于各种生化物质如氨基酸、蛋白质、糖类、核苷酸等的分离纯化。离子交换剂具有酸性或碱性基团，分别能与水溶液中阳离子或阴离子进行交换。它的交换过程是溶液中的离子穿过交换剂的表面，到交换剂颗粒之内与交换剂的离子互相交换。这种交换是定量完成的，因此测定溶液中由固体上交换下来的离子量，可知样品中原有离子的含量；也可将吸附在交换剂上的样品的成分用另一洗脱液洗脱下来，再进行定量。如有两种以上的成分被交换在离子交换剂上，用另一洗脱剂洗脱时，亲和力（即静电引力）强的离子移动较慢，而亲和力弱的离子先洗脱下来，由此可将各成分分开。

常用的离子交换剂有：离子交换纤维素、离子交换葡聚糖和离子交换树脂。目前采用的离子交换剂大多是合成离子交换剂，即离子交换树脂。离子交换树脂是一种人工合成的高分子化合物，一般呈球状或无定形粒状。离子交换树脂分为两类：分子中具有酸性基团、能交换阳离子的称为阳离子交换树脂；分子中具有碱性基团、能交换阴离子的称为阴离子交换树脂。按其解离性的大小，又可分强弱两种，见表 3。

表 3 常用离子交换剂的种类及解离基团

种 类		解离基团
阳离子交换树脂	强酸性	磺酸基（$-SO_3H$）等
	弱酸性	羧基（$-COOH$），酚羟基（$-OH$）
阴离子交换树脂	强碱性	季铵盐 $[-N^+(CH_3)_2]$
	弱碱性	叔胺 $[-N(CH_3)_3]$，仲胺（$-NHCH_3$），伯胺（$-NH_2$）

离子交换剂的作用原理如下：①阳离子交换剂分子中具有酸性基团，能和流动剂中的阳离子进行交换；②阴离子交换剂分子中具有碱性基团，能和流动剂中的阴离子进行交换。

$$R-SO_3^-H^+ + Na^+ \Longrightarrow R-SO_3Na^+ + H^+$$

$$R-N^+(CH_3)_3OH^- + Cl^- \Longrightarrow R-N^+(CH_3)_3Cl^- + OH^-$$

虽然交换反应都是平衡反应，但在色谱柱上进行时，由于连续添加新的交换溶液，平衡不断按正反应方向进行，直至完全。

离子交换色谱技术已广泛用于各学科领域。在生物化学及临床生化检验中主要用于分离氨基酸、多肽及蛋白质，也可用于分离核酸、核苷酸及其他带电荷的生物分子。

4. 凝胶色谱 凝胶色谱又称为分子筛色谱或凝胶过滤。凝胶色谱主要根据多孔凝胶对不同大小分子的排阻效应不同而进行分离。排阻是指大分子不能进入凝胶孔内部而被阻留在凝胶颗粒之间的空隙，而小分子则可进入凝胶孔内部的现象。

凝胶颗粒是多孔性的网络结构。凝胶作为一种色谱介质，经过适当的溶剂平衡后，装入色谱柱，构成色谱床。当含有分子大小不一的混合物样品加在色谱床表面时，样品随大量同种溶剂而下行，这时分子较大的物质，因其颗粒直径大于凝胶颗粒网络结构的孔径，不可进入凝胶颗粒内部，而在凝胶颗粒间隙几乎是随溶剂垂直的向下运动，流程短而移动速度快，先流出色谱床；分子较小的物质，因其颗粒直径小于凝胶颗粒网络结构的孔径，可进入凝胶颗粒，流程长而移动速率慢，后流出色谱床。这种色谱的结果使得多孔凝胶颗粒像个筛子一样，将分子质量大小不一的各种物质分别先后洗脱出柱，从而达到分离的目的。由于这种筛子的作用结果与一般常见的网筛作用相反（后者是小的颗粒先被筛下），故将这种分子筛色谱也称为"反筛"作用（图2）。

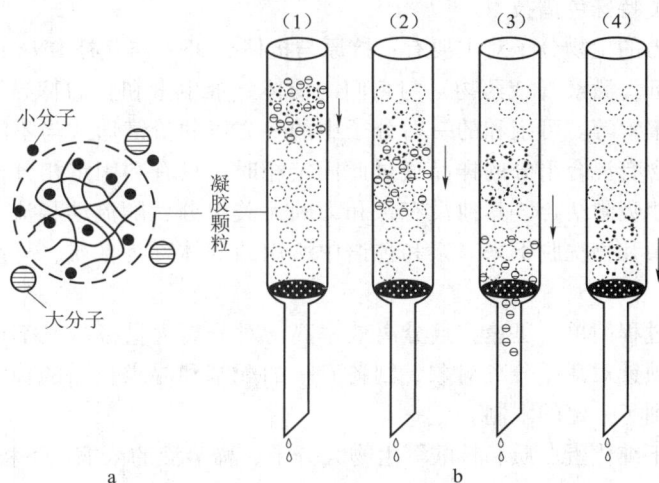

图2 凝胶色谱的原理

a. 小分子由于扩散作用进入凝胶颗粒内部而被滞留，大分子被排阻在凝胶颗粒外面，在凝胶颗粒之间迅速通过 b. （1）蛋白质混合液上柱；（2）洗脱开始，小分子扩散进入凝胶颗粒内部，大分子被排阻在凝胶颗粒之外，大小分子开始分开；（3）大小分子完全分开；（4）大分子已洗脱出色谱柱，小分子尚在洗脱中

具有分子筛作用的物质很多，如葡聚糖凝胶、浮石、琼脂、琼脂糖凝胶、聚乙烯醇、聚丙烯酰胺等。其中以葡聚糖凝胶应用最广。葡聚糖凝胶的长链间以三氯环氧丙烷作为交联剂，交联形成多孔网状结构。商品名以 Sephadex G 表示，具有多种型号（从 G-10 到 G-200 不等）。G 值大约为吸水量的 10 倍，G 值越小，交联度越大，吸水性越小；G 值越大，交联度越小，吸水性就越大，两者呈反比关系。由此可以根据床体积而估算出葡聚糖凝胶干粉的用量。根据色谱物质分子量的大小可选择不同型号的凝胶。

凝胶色谱的优点是：①此种凝胶过滤一般不变换洗脱液，一次装柱后，可反复使用多次，每次洗脱过程也就是再生过程，不必经过回收处理，可以连续使用，因此操作简单、快速而且经济；②实验具有高度的可重复性，样品回收率几乎可达100%，如果按比例扩大柱的体积和高度，可进行大量样品的分离纯化；③是一种极其温和的方法，不易引起生物样品的变性失活。

凝胶色谱的缺点是：①必须保证样品和洗脱液的黏度很低，以利于溶剂的有效移动和溶质分子在色谱床中的自由扩散；②由于凝胶颗粒网状孔径的大小是非常有限的，所以可被纯化的物质分子量范围受到限制；③凝胶结构对某些溶质分子具有吸附作用，例如芳香族物质及脂蛋白等。

凝胶色谱分离物质的分子量范围是 $10^{-1} \sim 10^5$。目前使用的商品凝胶如琼脂糖凝胶可分离物质的分子量即可达 10^5，故可用以分离巨大分子量的蛋白质、酶和核酸。凝胶色谱还可应用于以下几个方面：①分级分离各种抗原与抗体；②去掉复合物中的小分子物质，如盐、荧光素和游离的放射性核素以及水解的蛋白质碎片；③分析血清中的免疫复合物；④分子量的测定；⑤高分子溶液的浓缩。

此外，既有分子筛性质又有离子交换作用的凝胶 QAE-交联葡聚糖（Sephadex），属于强碱性阴离子交换剂，可有效地分离核苷酸类混合物。Sephadex LH-20 可用于分离脂溶性物质，如脂肪、类固醇及脂溶性维生素等。

5. 亲和色谱　亲和色谱是利用待分离物质和它的特异性配体间具有特异的亲和力，从而达到分离目的的一类特殊色谱技术。

具有专一亲和力的生物分子对主要有：抗原与抗体、DNA 与互补 DNA 或 RNA、酶与它的底物或竞争性抑制剂、激素（或药物）与它们的受体、维生素和它的特异结合蛋白、糖蛋白与它相应的植物凝集素等。可亲和的一对分子中的一方以共价键形式与不溶性载体相连作为固定相吸附剂，当含有混合组分的样品通过此固定相时，只有和固定相分子有特异亲和力的物质，才能被固定相吸附结合，其他没有亲和力的无关组分就随流动相流出，然后改变流动相成分，将结合的亲和物洗脱下来。亲和色谱中所用的载体称为基质，与基质共价连接的化合物称配基。

亲和色谱纯化过程简单、迅速，且分离效率高。对分离含量极少又不稳定的活性物质尤为有效。但本法必须针对某一分离对象，制备专一的配基和寻求色谱的稳定条件，因此亲和色谱的应用范围受到了一定的限制。

亲和色谱可用于纯化蛋白质和核酸等生物大分子、稀溶液的浓缩、不稳定蛋白质的贮藏、残余污染物的去除、用免疫吸附剂吸附纯化对此尚无互补配体的生物大分子等方面。

综上所述，由于色谱法具有分辨率高、灵敏度高、选择性好、速度快、分离范围广、适用性强等特点，不但能分离有机化合物，还能分离无机物，因此适用于杂质多、含量少的复杂样品分析，尤其适用于生物样品的分离分析。近年来，已成为生物化学及分子生物学常用的分析方法。在医药卫生、环境化学、高分子材料、石油化工等方面也得到了广泛的应用。

（粟学清）

四、离心技术

（一）概述

离心技术起源于 19 世纪，刚开始是通过手摇提供动力，用于分离和纯化蜂蜜、牛奶等，到了 20 世纪，电力驱动的超速离心机已经在生物学、医学、制药工业等领域获得广泛应用。

离心技术是一种利用颗粒做匀速圆周运动时受到一个外向的离心力的现象发展起来的分离分析方法。待分离样品放入离心机转头的离心管内，当离心机运转时，样品就会随离心管绕转子做匀速圆周运动，从而产生一个向外的离心力。由于每种物质颗粒的大小、形状、质量及密度等都不相同，所以它们在大小相同的离心场中具有不同的沉降速度，从而达到彼此间的分离。

（二）原理

1. 离心力和相对离心力 溶液中的固相颗粒做圆周运动时产生一个向外离心力，其定义为：$F = m\omega^2 r$。式中，F 为离心力的强度；m 为沉降颗粒的有效质量；ω 为离心转子转动的角速度，rad/s；r 为离心半径，cm，即转子中心轴到沉降颗粒之间的距离。很显然，离心力随着转速和颗粒质量的提高而加大，而随着离心半径的减小而降低。

目前离心力通常以相对离心力 RCF 表示，即离心力的大小相对于地球引力的多少倍，单位是重力加速度（g，980cm/s²）。其计算公式如下：$RCF = 1.119 \times 10^{-5} \times (rpm)^2 r$（rpm 为 revolutions perminute 的简称，即转数每分钟，转/分钟）。可以看出，在同一转速下，由于 r 的不同，RCF 相差会很大，实际应用时一般取平均值。在离心实验的报告中，RCF、r 平均值、离心时间 t 和液相介质等条件都应表示出来，因为它们都与样品的沉降速度有直接的联系。显然，RCF 是一个只与离心机相关的参数，而与样品并无直接的关系。

在说明离心条件时，低速离心通常以转子转数每分钟表示（转/分钟），如 4000 转/分钟；而在高速离心时，特别是在超速离心时，往往用相对离心力来表示，如 65000g。

2. 沉降速度与沉降系数 一个颗粒要沉降，它必须置换出位于它下方等体积的溶液，这只有当颗粒的质量大于被置换出的液体的质量时才能通过离心的手段达到，否则，在离心过程中颗粒将发生向上漂浮，而不是下沉。当颗粒在运动时，不论方向如何，它都要穿过溶剂分子，所产生的摩擦力总是与颗粒运动的方向相反。摩擦力的大小与颗粒的运动速度成正比，并且受颗粒的大小、形状及介质性质的影响：$F_{摩擦} = fv$。式中，f 为颗粒在溶剂中的摩擦系数，与颗粒的大小、形状及介质性质相关；v 为颗粒的沉降速度。由于离心力的存在，颗粒将加速运动直到摩擦力与离心力相等。在这种情况下，颗粒所受到的净作用力为零，颗粒将以最大速度运动。$F_{净} = (m_p - m_s)\omega^2 r - fv$，式中，$m_p$ 和 m_s 分别为颗粒的质量及等体积的溶剂的质量，且 m_p 和 m_s 很难确定。为了建立分子大小与沉降系数之间的关系，引入了沉降系数这一新的概念。

沉降系数（sedimentation coefficient）：是指单位离心力场中样品的沉降速度。它与样品的质量和密度成正比。它以 svedberg 单位计算，$1S = 1 \times 10^{-13}s$。例如，核糖核酸酶 A 的沉降系数为 $1.85 \times 10^{-13}s$，即可记作 1.85S。常见生物样品沉降系数和离心时转速见表 4。

表 4　常见生物样品沉降系数和离心转速

名　称	沉降系数（S）	RCF（g）	转速（转/分钟）
细胞	$>10^7$	<200	<1500
细胞核	$4 \times 10^6 \sim 10^7$	$600 \sim 800$	3000
线粒体	$2 \times 10^4 \sim 7 \times 10^4$	7000	7000
微粒体	$10^2 \sim 1.5 \times 10^4$	1×10^5	30000
DNA	$10 \sim 120$	2×10^5	40000
RNA	$4 \sim 50$	4×10^5	60000
蛋白质	$2 \sim 25$	$> 4 \times 10^5$	>60000

近年来，在生物化学、分子生物学及生物工程等书刊文献中，对于某些大分子化合物，当它们的详细结构和分子量不很清楚时，常常用沉降系数这个概念去描述它们的大小。如核

糖体 RNA（rRNA）有 30S 亚基和 50S 亚基，这里的 S 就是沉降系数，现在更多地用于生物大分子的分类，特别是核酸。

（三）分类

1. 离心机分类　离心机主要由机体部分、转动部分、减震系统、控制系统等组成。离心机的品种很多，可分为工业用离心机和实验用离心机。实验用离心机又分为制备性离心机和分析性离心机。

（1）离心机类型　依据转速不同，可分为低速离心机、高速离心机和超速离心机。转速小于 6000 转/分钟的为低速离心机，低于 25000 转/分钟的为高速离心机，超越 30000 转/分钟的为超速离心机；依据温度控制不同，可分为冷冻离心机和普通离心机，冷冻离心机带有制冷系统，能够控制温度最低至-20℃，普通离心机不带制冷系统；依据用途不同，可分为分析离心机和制备离心机。

实验室常用电动离心机有低速、高速离心机和低速、高速冷冻离心机，以及超速分析、制备两用冷冻离心机等多种型号。其中以低速（包括大容量）离心机和高速冷冻离心机应用最为普遍，是生化实验室用来分别制备生物大分子必不可少的重要工具。

制备性离心机主要用于分离各种生物材料，每次分离的样品容量比较大；分析性离心机一般都带有光学系统，主要用于研究纯的生物大分子和颗粒的理化性质，依据待测物质在离心场中的行为（用离心机中的光学系统连续监测），能推断物质的纯度、形状和分子量等。分析性离心机都是超速离心机。

1）普通（非冷冻）离心机　这类离心机构造较简单，可分小型台式和落地式两类，配有驱动电机、调速器、定时器等安装，操作简便。低速离心机转速一般不超过 4000 转/分钟，台式高速离心机最大转速可达 18000 转/分钟。

2）低速冷冻离心机　转速一般不超过 4000 转/分钟，最大容量为 2～4L，在实验室中最常用于提取大量初级生物大分子、沉淀物等。其转头多用铝合金制的甩平式和角式两种，离心管有硬质玻璃、聚乙烯硬塑料和不锈钢管多种型号。离心机装配有驱动电机、定时器、调整器（速度指示）和制冷系统（温度可调范围为-20～+40℃），可依据离心物质所需，改换不同容量和不同型号转速的转头。

3）高速离心机　此类离心机的最高转速在 25000 转/分钟以下，主要用于分离各种沉淀物、细胞碎片和较大的细胞器等。为了防止高速离心过程中温度升高而使酶等生物分子变性失活，有些高速离心机安装了冷冻装置，称高速冷冻离心机。这类离心机的速度控制比上述低速离心机准确，工作时的实际速度和温度可通过仪表显示；配有一定类型及规格的转子，可根据需要选用。

4）超速离心机　超速离心机由四部分组成，即驱动和速度控制、温度控制、真空系统以及转子。至今，超速离心机最高转速为 85000 转/分钟（可达 600000g 左右），常用于分离亚细胞器、病毒粒子、DNA、RNA 和蛋白质，在分离时无需加入可能引起被分离物质结构改变的物质，故为观察它们的"天然"结构与功能提供了手段。超速离心机的精密度相当高。为了防止样品液溅出，一般附有离心管帽；为防止温度升高，均有冷冻装置和温度控制系统；为了减少空气阻力和摩擦，设置有真空系统。此外，还有一系列安全保护系统、制动系统及各种指示仪表等。

（2）转子类型　转子主要有三种：固定角式转子、水平转子、垂直转子，还有带状转子和连续转子等。

1）固定角式转子 离心管在离心机中放置的位置与旋转轴心形成一个固定的角度，角度变化在 14°～40° 之间，常见的角度有 20°、28°、34° 及 40° 等。因角式转子的重心低，转速可较高，样品粒子穿过溶剂层的距离略大于离心管的直径；又因为有一定的角度，故在离心过程中撞到离心管外壁的粒子沿着管壁滑到管底形成沉淀，这就是"管壁效应"，此效应使最后在管底聚成的沉淀较紧密。

2）水平转子 水平转子在静止时，转子中的离心管中心线与旋转轴平行，而在转子旋转加速时，离心管中心线由平行位置逐渐过渡到垂直位置，即与旋转轴成 90° 角，粒子的沉淀方向同旋转半径方向基本一致，但也有少量的"管壁效应"。由于此类转子的重心位置较高，样品粒子沉降穿过溶剂层的距离大于直径。它对于多种成分样品分离特别有效，常用于速率区带离心和等密度离心。

3）垂直转子 离心管垂直插入转子孔内，在离心过程中始终与旋转轴平行，而离心时液层发生 90° 角的变化，从开始的水平方向改成垂直方向，转子降速时，垂直分布的液层又逐渐趋向水平，待旋转停止后，液面又完全恢复成水平方向。这是因为在进行密度梯度离心前，由于重力的作用，垂直转子的粒子沉淀距离等于离心管的直径，离心分离所需的离心力最小，适用于速率区带离心和等密度离心，但一般不用于差速离心。

（3）离心管类型 离心管有很多种，其中按照大小不同，可将离心管分为大量离心管（500ml、250ml）、普通离心管（50ml、15ml）和微量离心管（2ml、1.5ml、0.5ml、0.2ml）。根据材料的区别，离心管又可分为钢制离心管、玻璃离心管和塑料离心管，分别应用于不同情况下。

1）塑料离心管 塑料离心管的优点是透明或者是半透明的，它的硬度小，可用穿刺法取出梯度。缺点是易变形，抗有机溶剂腐蚀性差，使用寿命短。

塑料离心管都有管盖，它的作用是防止样品外泄，尤其是用于有放射性或强腐蚀性的样品时，防止样品外泄是很重要的一点；管盖还有一个作用是防止样品挥发以及支持离心管，防止离心管变形。试验时要注意检查管盖是否严密，确保离心管倒置时不漏液。

塑料离心管中，常用材料有 PE（聚乙烯）、PC（聚碳酸酯）、PP（聚丙烯）等，其中聚丙烯管性能相对较好，所以，在实验时应尽量挑选聚丙烯材质的塑料离心管。

2）玻璃离心管 玻璃离心管的优点为透明，不易变形，能抗热，抗冻，抗化学腐蚀，但强度不大，易破损，故使用时离心力不宜太大，同时需要垫橡胶垫，防止管子破碎。此外，玻璃离心管一般无盖，在使用时液体不能加满，以防外溢，一旦外溢就容易失去平衡，最终导致离心失败。外溢的试剂也会污染转子和离心机腔，影响感应器正常工作。而超速离心时，液体一定要加满离心管，因为超离心时需要抽高真空，只有加满才能避免离心管变形，故玻璃管一般不宜用于高速离心机。

3）钢制离心管 钢制离心管的优点为强度大，不变形，能抗热，抗冻，抗化学腐蚀，应用相当广泛。但强酸、强碱等强腐蚀性的化学药品能腐蚀钢，故使用时应尽量避免这些化学物质的接触。

2. 离心分离方法 根据离心原理，按照实际工作的需要，目前已设计出的各种离心方法综合起来大致可分三类。①平衡离心法：根据粒子大小、形状不同进行分离，包括差速离心法和速度区带离心法；②等密度离心法：根据粒子密度差进行分离，等密度离心法和速度区带离心法合称为密度梯度离心法；③经典式沉降平衡离心法：用于对生物大分子分子量的测定、纯度估计、构象变化。

（1）差速离心法

1）原理　利用不同粒子在离心力场中沉降的差别，在同一离心条件下，沉降速度不同，通过不断增加相对离心力，使一个非均匀混合液内的大小、形状不同的粒子分步沉淀。操作过程中一般是采用离心后倾倒的办法把上清液与沉淀分开，然后将上清液进行高转速离心，分离出第二部分沉淀，如此往复加高转速，逐级分离出所需要的物质。

差速离心的分辨率不高，沉淀系数在同一个数量级内的各种粒子不容易分开，但优点是样品处理量较大，可用于大量样品的初级分离，常用于其他分离手段之前的粗制品提取；缺点是分离复杂样品和要求分离纯度较高时，离心次数太多，操作繁杂。如用差速离心法分离已破碎的细胞各组分，见表5。

表5　差速离心法分离细胞各组分的相对离心力及时间

沉淀	RCF（gav）	时间	内容物
P1	1000 g	10 分钟	细胞核、线粒体、大片细胞膜
P2	3000 g	10 分钟	线粒体、细胞膜碎片
P3	6000 g	10 分钟	线粒体、溶酶体、过氧化物酶体、完整高尔基体
P4	10000 g	10 分钟	线粒体、溶酶体、过氧化物酶体、高尔基体
P5	20000 g	10 分钟	溶酶体、过氧化物酶体、高尔基体膜、大的高密度小泡（如粗面内质网）
P6	100000 g	10 分钟	从内质网而来的所有小泡、细胞膜、高尔基体、核内体等

2）注意事项　①可用角式、水平式转头；②可用刹车；③难以获得高纯度。

（2）速度区带离心法

1）原理　速度区带离心法是在离心前将离心管内先装入密度梯度介质（如蔗糖、甘油、KBr、CsCl 等），然后将待分离的样品铺在梯度液的顶部、离心管底部或梯度层中间，同梯度液一起离心。离心后在近旋转轴处的介质密度最小，离旋转轴最远处介质的密度最大，但最大介质密度必须小于样品中粒子的最小密度。这种方法是根据分离的粒子在梯度液中沉降速度的不同，使具有不同沉降速度的粒子处于不同的密度梯度层内而分成一系列区带，从而达到彼此分离的目的。梯度液在离心过程中以及离心完毕后，取样时起着支持介质和稳定剂的作用，可避免因机械振动而引起已分层的粒子再混合。该离心法的离心时间应严格控制，做到既有足够的时间使各种粒子在介质梯度中形成区带，又要控制其在任意一个粒子达到沉淀前可以相互分离。如果离心时间过长，所有的样品可全部到达离心管底部；而如果离心时间不足，样品则没有分离。由于此法是一种不完全的沉降，沉降受物质本身大小的影响较大，所以一般应用在物质大小相异而密度相同的情况。

2）注意事项　①严格控制离心时间；②粒子密度大于介质密度；③样品事先配制在较平缓的连续密度的梯度溶液；④不能用角式转头，只能用水平式转头；⑤不能用刹车。

（3）等密度离心法

1）原理　等密度离心法是在离心前预先配制介质的密度梯度。此种密度梯度液包含了被分离样品中所有粒子的密度，是将待分离的样品铺在梯度液上或和梯度液先混合，然后离心，当梯度液由于离心力的作用逐渐形成管底浓而管顶稀的密度梯度时，原来均匀分布的粒子也发生重新分布。当管底介质的密度大于粒子的密度时，粒子上浮；在弯顶处粒子密度大于介质密度时，则粒子沉降；最后粒子进入到一个它本身的密度位置，即粒子密度等于介质密度处，此时 dr/dt 为零，粒子不再移动，粒子形成纯组分的区带，与样品粒子的密度有关，而与粒子的大小和其他参数无关，因此只要转速、温度不变，延长离心时间也不能改变这些粒子的成带位置。

2）注意事项　①离心时间要长；②可用角式转头或水平式转头；③粒子密度相近或相等时不宜用；④密度梯度溶液中要包含所有粒子密度；⑤不能用刹车。

（四）应用

现代科学中，离心分离技术已越来越重要。这不仅是由于离心机和其他分离机械相比，可得到含湿量低的固相和高纯度的液相，而且它具有减轻劳动强度、改善劳动条件，及连续运转、自动遥控、占地面积小等优点。目前广泛用于生物学（生物工程和生物制品等）、医学、化学、化工等领域，是生化实验室中常用的分离、纯化或澄清的方法。尤其是超速冷冻离心已经成为研究生物大分子常用的实验技术方法。在下面学习中，将陆续应用离心技术分离活体生物，如细胞、微生物、病毒等；细胞器，如细胞核、细胞膜、线粒体等；以及生物大分子，如核酸、蛋白质、酶、多聚物等。

1. 使用守则

（1）离心机在预冷状态时，离心机盖必须关闭。离心结束后，取出的转头要倒置于实验台上，擦干腔内余水，此时，离心机盖应处于打开状态。

（2）转头在预冷时，转头盖可摆放在离心机的平台上，或摆放在实验台上，千万不可不拧紧而浮放在转头上，因为一旦误启动，转头盖就会飞出，造成事故！

（3）转头盖在拧紧后一定要用手指触摸转头与转头盖之间有无缝隙，如有缝隙要拧开重新拧紧，直至确认无缝隙方可启动离心机。

（4）在离心过程中，操作人员不得离开离心机室，一旦发生异常情况，操作人员不能关电源（"POWER"），要按"STOP"。在预冷前要填写好离心机使用记录。

（5）不得使用伪劣、老化、变形、有裂纹的离心管。

（6）在节假日和晚间最后一个使用离心机的人需例行安全检查后方能离去。

（7）在仪器使用过程中发生机器故障、部件损坏情况时要及时与生产厂家联系。

2. 使用注意事项　高速与超速离心机是生化实验教学和生化科研的重要精密设备，因其转速高，产生的离心力大，使用不当或缺乏定期的检修和保养，都可能发生严重事故，因此使用离心机时必须严格遵守操作规程。超速冷冻离心机未经过培训和考核者不能使用。其他普通离心机要按照操作要求进行。

实验室常用的是电动离心机，电动离心机转动速度快，要注意安全，特别要防止在离心机运转期间，因不平衡或试管垫老化，而使离心机边工作边移动，以致从实验台上掉下来，或因盖子未盖，离心管因振动而破裂后，玻璃碎片旋转飞出，造成事故。因此，使用离心机时，必须注意以下操作。

（1）离心机套管底部要垫棉花或试管垫。

（2）电动离心机如有噪声或机身振动时，应立即切断电源，及时排除故障。

（3）离心管必须对称放入套管中，防止机身振动，若只有一支样品管，另外一支需要用等质量的水代替。

（4）启动离心机时，应盖上离心机顶盖后，方可慢慢启动。

（5）分离结束后，先关闭离心机，在离心机停止转动后，方可打开离心机盖，取出样品，不可用外力强制其停止运动。

（6）离心时间，实验者不得离开去做别的事。

（唐小龙）

五、透析技术

（一）概述

自 1861 年 Thomas Graham 发明透析方法至今 100 多年，透析已成为生物化学实验室最简便、最常用的分离纯化技术之一。目前，透析技术常用于生物大分子的制备，如除盐，除少量有机溶剂，除生物小分子杂质和浓缩样品等。

（二）原理

利用半透膜把大分子与小分子分开的方法叫透析。半透膜（semipermeablemembrane）是一种只允许某种分子或离子扩散进出的薄膜，对不同粒子的通过具有选择性。如生物大分子制备过程中，半透膜只允许溶剂小分子通过，而溶质大分子不能通过。常见的半透膜有羊皮纸、火棉胶、玻璃纸等。

透析的动力是由横跨膜两边的浓度梯度形成的扩散压。透析通常是将半透膜制成袋状，然后将生物大分子样品溶液置入袋内，再将此透析袋浸入水或缓冲液中，最后样品溶液中的生物大分子被截留在袋内，而盐和小分子物质不断扩散透析到袋外，直到袋内外两边的浓度达到平衡为止。保留在透析袋内未透析出的样品溶液称为"保留液"，袋（膜）外的溶液称为"渗出液"或"透析液"。

透析的速度反比于膜的厚度，而正比于膜的面积和透析时小分子溶质在膜两边的浓度梯度；另外，透析的速度还与温度相关，通常选择 4℃ 为透析温度，升高温度可加快透析速度。

蛋白质透析的基本操作如下：

1. 透析袋（半透膜）的前处理　放入 2% $NaHCO_3$ 和 10mmol/L 的 EDTA 溶液，煮沸 10 分钟，再用蒸馏水清洗透析袋内外，重新置于 1mmol/L 的 EDTA 溶液中煮沸 10min，保存于 4℃ 冰箱中。

2. 样品准备　于蛋白质溶液中加入硫酸铵粉末（通常 5ml 蛋白质溶液加入 4g 硫酸铵粉末），边加边搅拌，使之充分溶解。4℃ 下静置 20 分钟，出现絮状沉淀。1000 转/分钟的速度离心 20 分钟，离心后倒掉上清液，加原体积蒸馏水溶解沉淀物。

3. 透析　将样品溶液装入透析袋中，扎紧透析袋上口，放入盛有蒸馏水的烧杯中，进行透析，并不断搅拌。若要加快透析速度，可多次更换透析液，并用磁力搅拌器持续搅拌。

4. 透析效果检查　每隔适当时间（5~10 分钟），用氯化钡滴入烧杯的蒸馏水中，观察是否有沉淀现象。

注意事项：①透析袋如长时间不用，应加入少量 NaN_3 或痕量苯甲酸，以避免微生物污染；②进行蛋白质透析时，样品制备过程中硫酸铵要充分溶解；③透析袋使用时，一端用橡皮筋或线绳扎紧，也可以使用特制的透析袋夹夹紧；由另一端灌满水，并用手指稍加压，检查不漏，方可装入待透析液；④透析袋通常要留 1/3~1/2 的空间，以防透析过程中，小分子量物质浓度较大时，袋外的水和缓冲液大量进入袋内将袋胀破。含盐量很高的蛋白质溶液透析过夜时，体积可增加 50%。

（三）应用

透析技术常用于生物大分子的制备（如除盐、除少量有机溶剂、除去生物小分子杂质和浓缩样品等）或用于医学某些临床疾病的治疗。

医学上的透析大致分为三类：血液透析、腹膜透析和结肠透析血。

1. 血液透析 是利用半透膜原理，通过扩散将流体内各种有害以及多余的代谢废物和过多的电解质移出体外，达到净化血液的目的，并达到纠正水电解质及酸碱平衡的目的。

2. 腹膜透析 是利用腹膜作为半渗透膜，利用重力作用将配制好的透析液经导管灌入患者的腹膜腔，在腹膜两侧存在溶质的浓度梯度差，高浓度一侧的溶质向低浓度一侧移动（弥散作用）；水分则从低渗一侧向高渗一侧移动（渗透作用）。通过腹腔透析液不断地更换，以达到清除体内代谢产物、毒性物质及纠正水、电解质平衡紊乱的目的。

3. 结肠透析 是通过向人体结肠注入过滤水，进行清洁洗肠，清除体内毒素，充分扩大结肠黏膜与药物接触面积，使药液在结肠内通过结肠黏膜吸附出体内各种毒素，并及时排出，最后再灌入特殊中药制剂，并予保留，在结肠中利用结肠黏膜吸收药物有效成分，起到对肾治疗作用，并可降逆泄浊，降低血肌酐和尿素氮、尿酸等尿毒症毒素。

（孙丽萍）

第三篇　基础性生物化学实验

第一章　蛋白质含量的测定

实验一　蛋白质含量的测定——紫外分光光度法

一、实验目的

1. 掌握紫外分光光度法测定蛋白质含量的原理，紫外分光光度计的使用方法。
2. 了解紫外分光光度计的构造原理。

二、实验原理

蛋白质因为两个因素吸收紫外光：①肽键结构吸收波长 220nm 以下紫外光；②蛋白质分子中芳香族氨基酸酪氨酸和色氨酸残基的苯环含有共轭双键，吸收波长 280nm 紫外光。大部分蛋白质中的芳香族氨基酸含量差别不是很大，故可以用溶液在 280nm 紫外吸光度推算出蛋白质含量。

在一定条件下，蛋白质溶液对 280nm 紫外光的吸光度值与其含量成正比关系，可用作其定量测定。此法测定蛋白质含量的优点是迅速、简便、不消耗样品，低浓度盐类不干扰测定，因此广泛应用于蛋白质和酶的生化制备中（特别是在柱色谱分离中）。

紫外分光光度法测定蛋白质含量的主要缺点是精确度差，其原因包括：①测定待测蛋白质与标准蛋白质中酪氨酸和色氨酸含量差异较大时，有一定的误差；②样品中含有对同一紫外区有强吸收的物质（如嘌呤、嘧啶等），会强烈干扰测定结果；③蛋白质溶液要求完全透明。因此，紫外分光光度法测定结果多作为蛋白质初步定量的依据。

三、试剂和仪器

1. 试剂

（1）标准蛋白质溶液　精确称取结晶牛血清清蛋白，溶于蒸馏水，浓度为 1mg/ml。
（2）待测蛋白质溶液　用蒸馏水稀释蛋白质溶液样品，使其蛋白质含量为 20~250μg/ml。
（3）其他试剂　蒸馏水。

2. 仪器 紫外分光光度计。

四、操作步骤

取小试管 9 支，编号，如下操作。

试　剂	试　管　号								
	1	2	3	4	5	6	7	8	9
标准蛋白质溶液（ml）	0	0.5	1.0	1.5	2.0	2.5	3.0	4.0	
蒸馏水（ml）	4.0	3.5	3.0	2.5	2.0	1.5	1.0	0	3.0
待测蛋白质溶液（ml）									1.0
蛋白质浓度（mg/ml）	0	0.125	0.250	0.375	0.500	0.625	0.750	1.00	X
混匀，280nm 比色，记录吸光度值									

五、结果及计算

1. 以 A_{280} 值为纵坐标，蛋白质浓度为横坐标，绘制标准曲线。
2. 从标准曲线上查出待测蛋白质的浓度。

六、注意事项

实验中用于仪器调零的液体与配制蛋白质溶液的液体相同，以避免液体的紫外吸收特性干扰样品的测定。

七、思考题

为什么紫外分光光度法测定蛋白质含量时，待测蛋白质与标准蛋白质中酪氨酸和色氨酸含量差异较大时会有一定的误差？

（孙丽萍）

实验二 蛋白质含量的测定——微量凯氏定氮法

一、实验目的

1. 掌握微量凯氏定氮法的实验原理和方法。
2. 了解凯氏定氮仪的工作原理与操作注意事项。

二、实验原理

生物样品总含氮量通常用微量凯氏定氮法（Micro-Kjeldahl method）来测定。当被测的天然含氮有机物与浓硫酸共热进行消化时，被氧化为 CO_2 和 H_2O，而氮转变为氨，氨与硫酸结合生成硫酸铵。为了加速有机物质的分解反应，在消化时常加入促进剂（硫酸铜、硫酸钾）。消化完成后，在凯氏定氮仪中，加入强碱碱化消化液，使硫酸铵分解放出氨。借蒸汽蒸馏法，将氨蒸入硼酸-指示剂混合液收集氨。氨与溶液中氢离子结合成铵离子，使溶液中氢离子浓度降低，指示剂颜色发生改变。然后用标准无机酸滴定，直至恢复溶液中原来氢离子浓度，即指示剂变回原来颜色为止。所用无机酸的毫摩尔数即相当于样品中氨的毫摩尔数。根据所测得的氨量，计算样品的含氮量。

蛋白质平均含氮量为 16%，将测得的含氮量乘以系数 6.25，便得样品所含蛋白质量。本法适用范围为 0.2~1.0mg 氮，相对误差应小于±2%，是目前生物样品蛋白质测定的参考方法。

三、试剂和仪器

1. 试剂

（1）粉末硫酸钾-硫酸铜混合物（K_2SO_4 : $CuSO_4 \cdot 5H_2O$ = 3 : 1，6 : 1 或 10 : 1）　也可使用 80g 硫酸钾，20g 硫酸铜（$CuSO_4 \cdot 5H_2O$）与 0.3g 二氧化硒或 0.34g 硒酸钠（Na_2SeO_4）充分研细的混合物。加少量氯化汞（约 0.032g/g 促进剂）可以加速赖氨酸和组氨酸的消化分解。

（2）混合指示剂（田氏指示剂）贮备液　取 50ml 0.1% 亚甲蓝-乙醇溶液与 200ml 0.1% 甲基红-乙醇溶液混合配成，贮于棕色瓶中备用。此指示剂在 pH 5.2 为紫红色；pH 5.4 为暗蓝色（或灰色）；pH 5.6 为绿色。变色范围很窄，变色点 pH 为 5.4，故混合指示剂很灵敏。

（3）硼酸-指示剂混合液　取 100ml 2% 硼酸溶液，滴加混合指示剂贮备液，摇匀后溶液呈紫红色即可（约加 1ml 混合指示剂贮备液）。

（4）标准硫酸铵溶液（0.3mg 氮/ml）　取 141.6mg 分析纯硫酸铵，加水溶解，定容至 100ml。

（5）待测蛋白质样品　100g 动物组织或植物组织。

（6）其他试剂　浓硫酸（分析纯）30%（*V/V*）、氢氧化钠溶液、2% 硼酸溶液、0.01mol/L 标准盐酸。

2. 仪器　凯氏烧瓶、消化架、水泵、凯氏定氮蒸馏装置、表面皿、微量滴定管（5ml，可读准 0.01ml）、煤气灯或电炉。

四、操作步骤

1. 样品处理　测定某一固体样品中蛋白质的含量，都是按 100g 该物质的干重中所含蛋白质的克数来表示（%）。因此，在定氮前，应先将固体样品中的水分除掉。一般样品烘干除水都采用 105℃，因为非游离的水，都不能在 100℃ 以下烘干。操作时先将样品磨细，在已称重的称量瓶中称入一定量样品，然后置 105℃ 的烘箱内干燥 2 小时。用坩埚将称量瓶放入干燥器内，待降至室温后称重。按上述操作，每干燥 1 小时后再称重 1 次，直到 2 次称量数值不变，即达到恒重为止。

若样品属于液体物质，可取一定体积适当稀释后，再取一定量消化定氮。测定血清样品时，可按 1 : 50 稀释，取 2ml 稀释液消化定氮。

2. 消化　准备 4 个 50ml 凯氏烧瓶，并标号，向第 1、2 号烧瓶内分别放入经过准确称量的蛋白质样品（若样品为液体，可用微量移液器直接加入），注意要把样品加至烧瓶底部，切勿沾在瓶口及瓶颈上。以 3，4 号两烧瓶作为空白对照，用以测定试剂中可能含有的微量含氮物质，以对样品进行校正。

在每个烧瓶中加入约 300mg 硫酸钾-硫酸铜混合物，再用量筒加入 3ml 浓硫酸。将以上 4 个烧瓶放到消化架上进行消化，接好抽气装置，调节好煤气量，先用小火焰加热煮沸。首先看到烧瓶内物质碳化变黑，并产生大量泡沫，此时要特别注意，不能让黑色物质上升到烧瓶颈部，否则将严重影响样品的测定结果。当混合物停止冒泡，蒸汽与二氧化硫也均匀地放出时，将火焰调节到保持瓶内液体微微沸腾。假若在瓶颈上发现有黑色的颗粒，应小心地将烧瓶倾斜振摇，用酸液将它冲洗下来。在消化过程中要时常转动烧瓶，使全部样品都浸泡在硫酸内，以保证样品消化完全。待烧瓶中消化液褐色消失，呈清澈淡蓝色时，消化即告完毕（若呈淡黄色，则表示消化尚未完全）。为了保证反应的彻底完成，在溶液透明后继续加热 1 小时。消化时间一般 5~6 小时即可，消化时间过长会引起氨的损失。若样品中含赖氨酸或组氨酸较多时，消化时间需要延长 1~2 倍，因为这两种氨基酸中的氮在短时间内不易消化完全，往往导致总氮量偏低。消化完毕，关闭煤气灯，使烧瓶冷却至室温。

3. 蒸馏

（1）蒸馏器的蒸汽洗涤　微量凯氏蒸馏装置先用水洗涤干净，安装后再经水蒸气洗涤。其方法是先煮蒸汽发生器，器中盛有几滴硫酸酸化过的蒸馏水及几滴甲基红指示剂，并在蒸馏器中放入沸石（或玻璃珠，毛细管），关闭夹子，使蒸汽通过反应室，由冷凝管下端逸去。在冷凝管下端放一空烧杯，以接受凝集的水滴。这样用水蒸气洗涤蒸馏器 5~10 分钟后，在冷凝管下端放一个盛有硼酸-指示剂混合液的锥形瓶，冷凝管下口应完全浸没在液体内。继续用蒸汽洗涤 1~2 分钟。观察锥形瓶内溶液是否变色，如不明显变色，则证明蒸馏器内部已洗涤干净。向下移动锥形瓶使硼酸-指示剂混合液的液面离开冷凝管口约 1cm，再继续通蒸汽 1 分钟。最后用水冲洗冷凝管下口外面。移开火焰，打开夹子，可准备样品测定。

（2）标准样品练习　为了练习蒸馏和滴定的操作，可先用标准硫酸铵溶液试验 2~3 次。取 3 个 50ml 的锥形瓶，各加 5ml 硼酸-指示剂混合液（应呈紫红色），用表面皿覆盖备用。加样前先撤火，而且务必打开夹子（这是本实验关键之一，否则，样品会被倒抽到反应室外）。取下棒状玻塞，用吸量管吸取 2ml 标准硫酸铵溶液，细心地插到反应室小玻杯的棒状玻塞的下方，让样品液注入反应室中，塞上棒状玻塞。取一只盛有硼酸-指示剂混合液的锥形瓶，放在冷凝管的下口，使冷凝管下口浸没在硼酸液面之下，以保证吸收反应所释放出的氨。

用量筒向小玻杯中加入 10ml 30% 氢氧化钠溶液，加完后，轻轻地旋转着提起棒状玻塞，使碱液慢慢流入反应室。在碱液尚未完全流入时，将玻塞盖紧，向小玻杯中加约 5ml 蒸馏水。再轻提玻塞，使一半蒸馏水流入反应室，一半留在玻杯中作水封。开始用煤气灯加热水蒸气发生器。沸腾后，夹紧夹子开始蒸馏。锥形瓶中硼酸-指示剂混合液由于吸收了氨，由紫红色变成绿色。自变色起计时，蒸馏 3~5 分钟，移动锥形瓶使硼酸液面离开冷凝管下口约 1cm，并用少量蒸馏水洗涤冷凝管下口外面，再继续蒸馏 1 分钟。移开锥形瓶，用表面皿覆盖锥形瓶口，按上述操作再练习蒸馏 2 次后，将 3 瓶一起滴定。

在一次蒸馏完毕后，为了排出反应后废液及洗涤反应室，向小玻杯中倒入冷蒸馏水，并加大煤气灯火焰，待蒸汽很足，反应室外壳温度很高，反应室中液体沸腾后，一手捏橡皮管，一手轻提棒状玻塞，使冷水迅速流入反应室，因反应室外壳中的蒸汽比反应室中的多，遇冷收缩较大，压力降低较多，结果，反应室中的废液自动抽到反应室外壳中。塞住玻塞，取约 20ml 蒸馏水，加入小玻杯，提起玻塞，冷水再次流入反应室，又自动吸出。如此冲洗 3~4 次，即可排尽反应废液及洗涤废液。把夹子打开，排出反应室外壳中积存的废液，关闭夹子，再使蒸汽通过全套蒸馏仪器数分钟后，继续下一次蒸馏。

（3）样品及空白蒸馏　首先把凯氏烧瓶中的消化液定量地转移到反应室中，为了避免消化液沾在凯氏烧瓶口上，可先在烧瓶唇口的下面上薄薄涂一层凡士林，再把烧瓶中的消化液沿着烧瓶唇口的下面细心地由小玻杯倒入反应室。用蒸馏水将凯氏烧瓶冲洗 3 次，每次约用 2ml，把洗涤液也倒入反应室，并用滴管吸取少量蒸馏水洗一下小玻杯，而后塞上棒状小玻塞。其余操作完全按"（2）标准样品练习"进行。样品与空白均蒸馏完毕后，再一起进行滴定。

4. 滴定 全部蒸馏完毕后，用 0.0100mol/L 标准盐酸滴定各锥形瓶中收集的氨量，直至硼酸–指示剂混合液由绿色变回淡紫红色，即为滴定终点。

五、结果及计算

$$样品中总氮量（g\%）= \frac{(A - B) \times 0.0100 \times 14}{C \times 1000} \times 100$$

若测定的样品中含氮部分只是蛋白质时，则：

$$样品中的蛋白质含量（g\%）= \frac{(A - B) \times 0.0100 \times 14 \times 6.25}{C \times 1000} \times 100$$

式中，A 为滴定样品用去的盐酸平均毫升数，ml；B 为滴定空白用去的盐酸平均毫升数，ml；C 为称量的样品克数，g；0.0100 为盐酸的摩尔浓度（要用实际标定浓度），mol/L；14 为氮的原子量；6.25 为系数。

六、注意事项

1. 整个实验过程中，实验室环境中切忌有碱性雾气（如氨等），否则将严重地影响实验结果的准确度。

2. 在蒸馏操作中，加样前先撤火，而且务必打开夹子（这是本实验关键之一，否则，样品会被倒抽到反应室外）。

七、思考题

1. 影响本实验的因素有哪些？

2. 在排出反应后废液及洗涤反应室时，为什么向反应室加入冷水，反应室中的废液会被自动抽到反应室外壳中吗？

（熊　伟）

实验三　蛋白质含量的测定
——福林–酚试剂法（Lowry 法）

一、实验目的

1. 掌握福林–酚试剂法测定蛋白质含量的原理和操作方法及标准曲线的制作。
2. 熟悉分光光度计的操作。

二、实验原理

福林–酚试剂法是蛋白质含量测定的经典方法之一，其原理为在碱性条件下，蛋白质中的

肽键与 Cu^{2+} 结合生成螯合物。福林–酚试剂中的磷钼酸盐–磷钨酸盐被蛋白质中的酪氨酸和苯丙氨酸残基还原，产生蓝色混合物（钼蓝和钨蓝的混合物）。在蛋白质中酪氨酸和苯丙氨酸含量不变的条件下，混合物蓝色的深浅与蛋白质含量的高低成正比。

福林–酚试剂法测定蛋白质含量的基本步骤最早由 Lowry 在双缩脲法的基础上确定，因此它又被称为 Lowry 法。这个测定法的优点是操作简单，灵敏度高，比双缩脲法灵敏 100 倍；缺点是费时，需精确控制操作时间，标准曲线也不是严格的直线形式，且专一性较差，干扰物质较多；另外，对双缩脲反应发生干扰的离子同样容易干扰 Lowry 反应，而且对后者的影响还要大得多。酚类、柠檬酸、硫酸铵、Tris 缓冲液、甘氨酸、糖类、甘油等均有干扰作用。浓度较低的尿素（0.5%）、硫酸钠（1%）、硝酸钠（1%）、三氯醋酸（0.5%）、乙醇（5%）、乙醚（5%）、丙酮（0.5%）等溶液对显色无影响；但这些物质浓度高时影响显色，则需做校正曲线。当溶液中含有硫酸铵时，只需加浓碳酸钠–氢氧化钠溶液，即可显色测定。若样品酸度较高，显色时溶液颜色较浅时，则必须提高碳酸钠–氢氧化钠溶液浓度 1~2 倍。此法可检测的最低蛋白质量为 5μg，通常测定范围是 20~250μg。

此法也适用于酪氨酸和色氨酸的定量测定。

三、试剂和仪器

1. 试剂

（1）碱性铜溶液　首先需分别配制 A 液和 B 液。

A 液：称取 10g Na_2CO_3、2g NaOH 和 0.25g 酒石酸钾钠（$KNaC_4H_4O_6 \cdot 4H_2O$），溶解后用蒸馏水定容至 500ml。

B 液：称取 0.5g 硫酸铜（$CuSO_4 \cdot 5H_2O$）溶解后用蒸馏水定容至 100ml。

每次使用前，将 50 份 A 液与 1 份 B 液混合，即为试剂甲。此混合液有效期为 1 天，过期失效。

（2）酚试剂　在 2L 磨口回流瓶中加入 100g 钨酸钠（$Na_2WO_4 \cdot 2H_2O$）、25g 钼酸钠（$Na_2MoO_4 \cdot 2H_2O$）和 700ml 蒸馏水，再加 50ml 85% 磷酸和 100ml 浓盐酸，充分混合，接上回流管，以小火回流 10 小时。回流结束时，加入 150g 硫酸锂（Li_2SO_4）和 50ml 蒸馏水及数滴液态溴，开口继续沸腾 15 分钟，以便驱除过量的溴。冷却后溶液呈黄色（如仍呈绿色，需再重复滴加液体溴的步骤），然后稀释至 1L，过滤，滤液置于棕色试剂瓶中保存。使用时用标准 NaOH 滴定，酚酞作指示剂，然后适当稀释，约加等量体积的水，使最终的酸浓度为 1mol/L 左右。

（3）0.9% 氯化钠溶液。

（4）标准蛋白质溶液　精确称取结晶牛血清清蛋白或 γ-球蛋白，溶于蒸馏水，浓度为 250μg/ml。牛血清清蛋白溶于水。若浑浊，可改用 0.9% 氯化钠溶液。

（5）待测蛋白质样品溶液　用 0.9% 氯化钠溶液稀释待测样品，使其蛋白质含量为 20~250μg/ml。

2. 仪器　721 型分光光度计、分析天平、容量瓶等。

四、操作步骤

取 7 支大试管，如下操作。

试　剂	试　管　号						
	0	1	2	3	4	5	6（待测）
蛋白质标准溶液（250μg/ml）	0.00	0.20	0.40	0.60	0.80	1.00	
待测蛋白质样品溶液（ml）							1.00
0.9% NaCl 溶液（ml）	1.00	0.80	0.60	0.40	0.20	0.00	0.00
碱性铜溶液（ml）	5.00	5.00	5.00	5.00	5.00	5.00	5.00
处　理	混匀后于室温（25℃）放置 20 分钟						
酚试剂（ml）	0.50	0.50	0.50	0.50	0.50	0.50	0.50
相当于蛋白质浓度（μg/ml）	0	50	100	150	200	250	

在室温下放置 30 分钟，以未加蛋白质溶液的第一支试管作为空白对照，于 650nm 处测定各管中溶液的吸光度值。

五、结果及计算

1. 以蛋白质的浓度为横坐标，吸光度值为纵坐标，绘制标准曲线。
2. 从标准曲线上查出待测样品蛋白质浓度，计算其蛋白质含量。

六、注意事项

1. 福林-酚试剂在碱性 pH 条件下不稳定，但上述还原反应只在 pH 10 的情况下发生，因此在加入福林-酚试剂后必须立即混匀，否则显色程度减弱。
2. 各管加酚试剂后要迅速摇匀，否则容易出现浑浊。
3. 由于各种蛋白质含有不同量的酪氨酸和苯丙氨酸，显色的深浅往往随不同的蛋白质而变化，因而本法通常只适用于测定蛋白质的相对浓度（相对于标准蛋白质）。

七、思考题

与其他蛋白质含量测定方法相比，福林-酚试剂法有何有缺点？

（李春梅）

实验四　蛋白质含量的测定
——双缩脲法

一、实验目的

1. 掌握双缩脲法测定蛋白质的原理和操作方法。
2. 了解血清总蛋白质测定的临床意义。

二、实验原理

双缩脲在碱性溶液中能与铜离子生成紫红色化合物，称为双缩脲反应。凡分子中含有两个以上酰胺键的化合物，均有此反应。蛋白质含有许多肽键，故能与双缩脲试剂产生紫红色反应，这种紫红色络合物在 540nm 处有明显吸收峰，吸光度值在一定范围内与血清蛋白质含量成正比关系，据此，可测出血清蛋白质的含量。

本实验先用盐析法分离血清中的清蛋白和球蛋白，然后用双缩脲试剂显色，通过比色测定出清蛋白和总蛋白质的含量，再将两者相减求出球蛋白的含量。本法的检出限为 0.2~1.7g/L，适用于精度要求不高，但要求快速测定的样品。其线性范围为 0~140g/L，检出限为 0.2~1.7g/L，已能满足临床检验的需要，既适于手工操作，又便于自动化分析，是临床测定血清总蛋白质首选的最方便、最实用的常规方法。

三、试剂和仪器

1. 试剂

（1）双缩脲试剂　称取 1.5g 硫酸铜及 6g 酒石酸钾钠置于 1000ml 烧杯中，先加蒸馏水使之溶解，将此溶液移至 1000ml 容量瓶中。再加入 300ml 10% 氢氧化钠混匀，以蒸馏水加至 1000ml，保存于涂有石蜡的瓶中，此试剂可长期保存，若有红色沉淀则不能再用。

（2）贮存标准稀释血清　正常血清以 15% 氯化钠稀释 10 倍，加入麝香草酚少许，存于冰箱中，可保存 1 个月。此稀释血清用凯氏定氮法测出蛋白质含量后，用以绘制标准曲线及在测定时用作标准对照。

（3）应用标准稀释血清　分别取上述贮存标准稀释血清 12.5ml、25.0ml、37.5ml 及 50.0ml，置于 100ml 容量瓶，以 15% 氯化钠稀释至刻度，设贮存标准稀释血清用凯氏定氮法测出蛋白质含量为 7.84g/100ml 血清，其相当的蛋白质含量如下。

试　剂	试 管 号				
	1	2	3	4	5
贮存标准稀释血清（ml）	12. 50	25. 00	37. 50	50. 00	62. 50
蛋白质含量（g/100ml 血清）	1. 96	3. 92	5. 88	7. 84	9. 80

（4）其他试剂　血清、22.2% 硫酸钠溶液、乙醚。

2. 仪器　可见分光光度计、离心机、恒温水浴箱。

四、操作步骤

1. 标准曲线绘制　取 5 管应用标准稀释血清各 2.0ml 加入双缩脲试剂各 8.0ml，在 37℃ 保温 10 分钟后，在 540nm 进行比色，以 22.2% 硫酸钠为空白对照。读取各管吸光度值，并绘制标准曲线，一般应测定四五次，以平均值进行计算。

2. 取血清 0.4ml 放入 10mm×100mm 试管中，加入 22.2% 硫酸钠 7.6ml，充分混匀后，取出 2.0ml 置于 15mm×150mm 试管中，此为总蛋白质测定管。

3. 余下液体加乙醚约 1.5ml 于管口垫一小块玻璃纸并用拇指按紧管口，用力振摇 30 秒钟，3000 转/分钟离心 5 分钟，吸取下层清亮溶液 2.0ml 于另一 15mm×150mm 试管内，此为清蛋白测定管。

4. 再取 15mm×150mm 试管 1 支，加入 22.2% 硫酸钠 2.0ml，此为空白对照管。

5. 于上述 3 管中各加入双缩脲试剂 8.0ml，充分混匀，于 37℃ 恒温水浴箱中放置 10 分钟，在 540nm 波长以空白管调零进行比色，读取吸光度值，由标准曲线上直接查出蛋白质含量（g/100ml）。

五、结果及计算

1. 根据所得吸光度值，从标准曲线上查出总蛋白质、清蛋白含量（g/100ml）。

2. 按下列公式计算出球蛋白含量及清蛋白/球蛋白比值（A/G）。

球蛋白（g/100ml）＝总蛋白质（g/100ml）－清蛋白（g/100ml）

清蛋白/球蛋白比值（A/G）＝清蛋白（g/100ml）/球蛋白（g/100ml）

3. 血清总蛋白质正常范围为6～8g/100ml（60～80g/L）血清。用本法测定清蛋白正常范围为4.0～5.5g/100ml血清（40～55g/L），球蛋白为2.33～3.5g/100ml血清（23.3～35g/L）。清蛋白与球蛋白比值（A/G）为1.5～2.5，平均为2.0。

血浆中蛋白质含量的改变，可以反映出蛋白质代谢的情况，血浆中全部蛋白质和纤维蛋白原都在肝内合成后，释放入血浆，血浆球蛋白主要由单核-吞噬细胞系统合成。

清蛋白浓度降低的原因往往与总蛋白质浓度降低的原因相同，但有时总蛋白质的浓度近于正常，而清蛋白浓度降低，球蛋白浓度增高。急性清蛋白浓度降低见于大出血，严重烧伤时大量丢失血浆；慢性清蛋白浓度降低主要由于肝合成功能障碍（肝炎、肝硬化）；消化系统障碍时，消化液中蛋白质丢失；肾病时，尿液中蛋白质丢失。球蛋白的浓度异常，多见于球蛋白增多症，常见于细菌和寄生虫感染引起的免疫反应增强，如血吸虫病、疟疾等。

临床上由于某些疾病使清蛋白的浓度降低，而球蛋白的浓度升高，清蛋白/球蛋白（A/G）比值小于正常，严重时小于1.0，习惯上称为清蛋白/球蛋白比值倒置。

六、注意事项

1. 加乙醚充分振摇时，要防止管内液体喷出。

2. 离心后，球蛋白与乙醚在上层，欲取下层清蛋白时，插入刻度吸管前应先堵住吸管上口，待插到管底再松开，可防止乙醚进入吸管。

七、思考题

制作血清蛋白质标准曲线需注意哪些问题？

（熊　伟）

实验五　蛋白质含量的测定——考马斯亮蓝法

一、实验目的

1. 掌握考马斯亮蓝法测定蛋白质含量的原理和操作。
2. 进一步熟悉分光光度计的使用。

二、实验原理

考马斯亮蓝G-250（Coomassie brilliant blue G-250）测定蛋白质含量属于染料结合法的一种。考马斯亮蓝G-250在游离状态下呈红色，最大吸收峰在465nm，在稀酸溶液中与蛋白质结合后则呈现蓝色，在595nm波长下有最大吸收峰，与蛋白质含量成正比，故可用于蛋白质的定量测定，测定的蛋白质浓度范围为 $1\sim1000\mu g/ml$。

考马斯亮蓝 G-250 与蛋白质结合反应十分迅速，2 分钟左右即达到平衡。结合物的颜色在 1 小时内保持稳定。此法灵敏度高，易于操作，干扰物质少，是一种比较好的蛋白质定量方法。一些阳离子如 K^+、Na^+、Mg^{2+} 及（NH_4）$_2SO_4$、乙醇等物质不干扰测定，但去污剂如 TritonX-100、SDS 等严重干扰测定，少量的去污剂可通过用适当对照进行消除，另外，在蛋白质含量很高时线性偏低，且不同来源蛋白质与考马斯亮蓝 G-250 结合状况有一定差异。

三、试剂和仪器

1. 试剂

（1）标准牛血清清蛋白溶液　准确称取 100mg 牛血清清蛋白，溶于 100ml 蒸馏水中，即为 $1000\mu g/ml$ 的原液。

（2）考马斯亮蓝 G-250 试剂　称取 100mg 考马斯亮蓝 G-250，溶于 50ml 90% 的乙醇中，加入 100ml 85%（W/V）的磷酸，再用蒸馏水定容到 1L，储存于棕色瓶中，常温下可保存 1 月。

（3）其他试剂　新鲜绿豆芽、90% 乙醇、磷酸（85%，W/V）。

2. 仪器　可见分光光度计、研钵、离心机、天平。

四、操作步骤

1. 标准曲线的绘制　取 7 支 10ml 干净的试管，编号 1~7，如下加入相应试剂，每支试管加完后，立即在涡旋混合器上混合均匀，放置 2 分钟后用 1cm 直径的比色杯在 595nm 波长下比色，以 1 号试管作空白调零点，记录各管的吸光度值（A_{595}），以吸光度值（A_{595}）为纵坐标，蛋白质含量（μg）为横坐标，绘制标准曲线。

试　剂	试管号						
	1	2	3	4	5	6	7
标准牛血清清蛋白溶液（$1000\mu g/ml$）（ml）	0	0.01	0.02	0.04	0.06	0.08	0.10
蒸馏水（ml）	1.00	0.99	0.98	0.96	0.94	0.92	0.90
考马斯亮蓝 G-250 试剂（ml）	5	5	5	5	5	5	5
蛋白质含量（μg）	0	10	20	40	60	80	100
A_{595}							

2. 样品提取液中蛋白质浓度的测定

（1）待测样品制备　称取新鲜绿豆芽下胚轴 2g 放入研钵中，加 2ml 蒸馏水研磨成匀浆，转移到离心管中，再用 6ml 蒸馏水分次洗涤研钵，洗涤液收集于同一离心管中，放置 30~60 分钟以充分提取，然后在 4000 转/分钟离心 20 分钟，弃去沉淀，上清液转入 10ml 容量瓶，并以蒸馏水定容至 10ml，即得待测样品提取液。

（2）测定　另取 2 支 10ml 试管，编号 8~9，如下取样。吸取待测样品提取液 0.1ml（做一重复），放入刻度试管中，加 5ml 考马斯亮蓝 G-250 试剂，充分混合，放置 2 分钟后，放入 1cm 直径比色杯，在 595nm 波长下比色，以标准曲线 1 号试管作空白调零点，记录吸光度值（A_{595}），并通过标准曲线查得待测样品提取液中蛋白质的含量 X（μg），取其平均值。

试 剂	试 管 号	
	8	9
待测样品提取液（ml）	0.1	0.1
蒸馏水（ml）	0.9	0.9
考马斯亮蓝 G-250 试剂（ml）	5	5
A_{595}		
蛋白质含量 X（μg）		

五、结果及计算

$$样品蛋白质含量（\mu g/g 鲜重）= \frac{X \times \dfrac{提取液总体积（ml）}{测定时取样体积（ml）}}{样品鲜重（g）}$$

式中，X 为通过查找标准曲线得到的待测样品提取液中蛋白质的含量，μg；提取液总体积为 10ml；测定时取样体积为 0.1ml；样品鲜重为称取样品时的重量 2g。

六、注意事项

1. 为了保证结果的准确性，在试剂加入后的 5~20 分钟内测定吸光度值，因为在这段时间内样品的颜色是最稳定的，比色反应需在 1 小时内完成。

2. 测定中，蛋白质-染料复合物会有少部分吸附于比色杯壁上，实验证明此复合物的吸附量是可以忽略的，测定完后用 95% 乙醇将蓝色的比色杯洗干净。

七、思考题

1. 考马斯亮蓝染色法有什么优缺点？

2. 样品中有大量去污剂时能否使用考马斯亮蓝染色法测蛋白质含量；样品中有少量去污剂时能否用考马斯亮蓝染色法测蛋白质含量，如何操作？

（赵　乐）

实验六　蛋白质含量的测定
——二喹啉甲酸法（BCA 法）

一、实验目的

1. 掌握 BCA 法测定蛋白质浓度的原理。
2. 熟悉 BCA 法测定蛋白质浓度的操作步骤。

二、实验原理

BCA 法是一种对样品中蛋白质进行定量化分析的方法。原理是：在碱性环境下蛋白质可

以将 Cu^{2+} 还原成 Cu^+（双缩脲反应），从而出现明显的紫色，铜离子被还原主要是蛋白质分子中半胱氨酸、胱氨酸、酪氨酸、色氨酸四种氨基酸的作用，其优点是分析更加客观，普通的肽键就能出现颜色反应，其弊端是其反应容易被蛋白质样品中的某些化学物质干扰，包括还原剂（二硫苏糖醇和 β-巯基乙醇等），铜离子螯合剂（EDTA，EGTA）和高浓度缓冲液，但是这些干扰作用可以通过对蛋白质样品的稀释进行消除。

三、试剂和仪器

1. 试剂

（1）BCA 工作液　试剂 A 100ml+试剂 B 2ml 混合（试剂 A：1% BCA 二钠盐、2% 无水碳酸钠、0.16% 酒石酸钠、0.4% 氢氧化钠和 0.95% 碳酸氢钠混合，调 pH 值至 11.25；试剂 B：4% 硫酸铜）。

（2）蛋白质标准液　用结晶牛血清清蛋白，根据其纯度用 0.9% 氯化钠溶液配制成1.5mg/ml 的蛋白质标准液（纯度可经凯氏定氮法测定蛋白质含量而确定）。

（3）待测样品　用双缩脲测定法的样品稀释而成。

2. 仪器　7220 型分光光度计、恒温水浴箱、酶标板、酶标仪。

四、操作步骤

1. 酶标板操作

（1）标准曲线的绘制　取一块酶标板，如下操作。

试　剂	孔　号							
	0	1	2	3	4	5	6	7
蛋白质标准液（μl）	0	1	2	4	8	12	16	20
去离子水（μl）	20	19	18	16	12	8	4	0
相应蛋白质含量（μg）	0	1.5	3	6	12	18	24	30

（2）根据样品数量，按 50 体积 BCA 试剂 A 加 1 体积 BCA 试剂 B（50∶1）配制适量 BCA 工作液，充分混匀。

（3）各孔加入 200μl BCA 工作液。

（4）将酶标板放在振荡器上振荡 30 秒，37℃ 水浴 30 分钟后，以 562nm 检测波长在酶标仪上读取各孔吸光度值。以各孔蛋白质含量（μg）为横坐标，吸光度值为纵坐标，绘制标准曲线。

（5）稀释待测样品至合适浓度，使样品稀释液总体积为 20μl，加入 BCA 工作液 200μl，充分混匀，37℃ 水浴 30 分钟后，以标准曲线 0 号管作参比，在 562nm 波长下比色，记录吸光度值。

（6）根据所测样品的吸光度值，在标准曲线上即可查得相应的蛋白质含量（μg），除以样品稀释液总体积（20μl），乘以样品稀释倍数，即为样品实际浓度（单位：μg/μl）。

2. 分光光度计测定

（1）标准曲线的绘制　各管如下加入试剂。

试　剂	孔　号							
	0	1	2	3	4	5	6	7
蛋白质标准液（μl）	0	5	10	20	40	60	80	100
去离子水（μl）	100	95	90	80	60	40	20	0
相应蛋白质含量（μg）	0	7.5	15.0	30.0	60.0	90.0	120.0	150.0

（2）根据样品数量，按 50 体积 BCA 试剂 A 加 1 体积 BCA 试剂 B（50 : 1）配制适量 BCA 工作液，充分混匀。

（3）各管加入 1000μl BCA 工作液。

（4）各管充分混匀，放置于 37℃ 水浴 30 分钟，再于 562nm 下比色测定。以蛋白质含量（μg）为横坐标，吸光度值为纵坐标，绘制出标准曲线。

（5）稀释待测样品至合适浓度，样品稀释液总体积为 100μl，加入 BCA 工作液 1000μl，充分混匀，37℃ 水浴 30 分钟后，以标准曲线 0 号管作参比，在 562nm 波长下进行比色，记录吸光度值。

（6）根据所测样品的吸光度值，在标准曲线上即可查得相应的蛋白质含量（μg），除以样品稀释液总体积（100μl），乘以样品稀释倍数，即为样品实际浓度（μg/μl）。

五、结果及计算

分别记录结果。

六、注意事项

1. 配制好的混合 BCA 工作液室温 24 小时内稳定。

2. 加入 BCA 工作液后，也可以在室温放置 2 小时，或 60℃ 放置 30 分钟。BCA 法测定蛋白质浓度时，吸光度值会随着时间的延长不断加大，并且显色反应会因温度升高而加快。如果浓度较低，适合在较高温度孵育，或延长孵育时间。

3. 待测样品浓度在 50～2000μg/μl 浓度范围内有较好的线性关系。

4. BCA 法测定蛋白质浓度不受绝大部分样品中的化学物质的影响，可以兼容样品中高达 5% 的 SDS，5% 的 Triton X-100，5% 的 Tween-20、Tween-60、Tween-80。但受螯合剂和略高浓度的还原剂的影响，需确保 EDTA 低于 10mmol/L，无 EGTA，二硫苏糖醇低于 1mmol/L，β-巯基乙醇低于 1mmol/L。不适用 BCA 法时，建议使用 Bradford 蛋白质浓度测定试剂盒。

5. 操作时要戴手套。

七、思考题

1. 试比较 BCA 法与双缩脲法、Lowry 法的异同。

2. BCA 法常用于科研，其有哪些特点？

（唐小龙）

第二章　蛋白质的分离及鉴定

实验七　聚丙烯酰胺凝胶电泳法分离血清蛋白质

一、实验目的

1. 加强对电泳基本原理的理解与记忆。
2. 掌握聚丙烯酰胺凝胶电泳法分离蛋白质的基本原理和操作技术。

二、实验原理

聚丙烯酰胺凝胶电泳（polyacrylamide gel electrophoresis，PAGE）的支持介质为聚丙烯酰胺凝胶，它很少带有离子的侧基，电渗作用小，对热稳定，机械强度大，富有弹性，所以是区带电泳的良好介质。聚丙烯酰胺凝胶是由丙烯酰胺（acrylamide，Acr）和交联剂 N,N'-亚甲基双丙烯酰胺（N,N'-methylene bisacrylamide，Bis）在催化剂作用下聚合交联而成的含有酰氨基侧链的脂肪族大分子化合物。聚合反应常用的催化剂有过硫酸铵（AP）及核黄素。为了加速聚合，在合成凝胶时还加入四甲基乙二胺（TEMED）作为加速剂。聚丙烯酰胺凝胶是一种三维网状结构，改变 Acr 与 Bis 的浓度可以调节凝胶孔径的大小而分离分子量不同的物质。另外，结合解离剂十二烷基硫酸钠（SDS），还可以测定蛋白质亚基分子量。

聚丙烯酰胺凝胶电泳可分为连续系统（仅有分离胶）和不连续系统（浓缩胶和分离胶）的凝胶电泳，前者系统中各部分均相同，当样品浓度大、成分简单时，用连续系统即可得到满意的分离效果；后者由于系统中存在浓缩胶，使样品在分离前就被浓缩成极薄的区带，从而可以提高分辨率。不连续系统的聚丙烯酰胺凝胶电泳具有较高的分辨率，主要是因为其具有浓缩效应、电荷效应和分子筛效应。

（1）浓缩效应　凝胶由两种不同的凝胶层组成，上层为浓缩胶（大孔胶，缓冲液 pH 6.7），下层为分离胶（小孔胶，缓冲液 pH 8.9）。在上、下电泳槽内充以 Tris-甘氨酸缓冲液（pH 8.3），这样便形成了凝胶孔径和缓冲液 pH 值的不连续性。在浓缩胶中 HCl 几乎全部解离为 Cl^-，但只有极少部分甘氨酸解离为 $H_2NCH_2COO^-$。蛋白质的等电点一般在 pH 5 左右，在此条件下其解离度在 HCl 和甘氨酸之间。当电泳系统通电后，这 3 种离子同向阳极移动。其有效泳动率依次为 $Cl^- >$蛋白质$> H_2NCH_2COO^-$，故 Cl^- 称为快离子，而 $H_2NCH_2COO^-$ 称为慢离子。电泳开始后，快离子在前，在它后面形成离子浓度低的区域即低电导区。电导与电压梯度成反比，所以低电导区有较高的电压梯度。这种高电压梯度使蛋白质和慢离子在快离子后面加速移动。在快离子和慢离子之间形成一个稳定而不断向阳极移动的界面。由于蛋白质的有效移动率恰好介于快、慢离子之间，因此，蛋白质离子就集聚在快、慢离子之间，被浓缩成一条狭窄带。这种浓缩效应可使蛋白质浓缩数百倍。

（2）电荷效应　样品进入分离胶后，慢离子甘氨酸全部解离为负离子，泳动速率加快，很快超过蛋白质，高电压梯度随即消失。此时蛋白质在均一的外加电场下泳动，但由于蛋白质分子所带的有效电荷不同，使得各种蛋白质的泳动速率不同而形成不同的区带而分离。

（3）分子筛效应　各种蛋白质分子由于分子大小和构象不同，因而通过一定孔径的分离胶时所受的摩擦力不同，表现出不同的泳动率而被分开。

本实验对血清蛋白质采用不连续聚丙烯酰胺凝胶电泳分离，氨基黑染色、醋酸脱色后，观察其组成和相对含量（血清蛋白质通过聚丙烯酰胺凝胶电泳一般可分出 12~16 条区带）。

三、试剂和仪器

1. 试剂

（1）30%丙烯酰胺（含 Bis）　称取丙烯酰胺（Acr）29.2g，亚甲基双丙烯酰胺（Bis）0.8g，加蒸馏水定容至 100ml，将未溶物滤去，盛于棕色瓶中，4℃冰箱保存，可使用 1 个月。

（2）分离胶缓冲液（Tris－HCl 缓冲液，pH 8.9）　称取 Tris 36.3g，加 1mol/L HCl 48.0ml，加蒸馏水至 80ml，调节 pH 值至 8.9，再用蒸馏水定容至 100ml，置棕色瓶中，4℃冰箱保存。

（3）浓缩胶缓冲液（Tris－HCl 缓冲液，pH 6.7）　称取 Tris 5.98g，加 1mol/L HCl 48.0ml，加蒸馏水至 80ml，调节 pH 值至 6.7，再用蒸馏水定容至 100ml，置棕色瓶中，4℃冰箱保存。

（4）1%TEMED（四甲基乙二胺，加速剂）　TEMED 1ml，加蒸馏水 99ml 混匀，4℃冰箱保存。

（5）10g/L 过硫酸铵（催化剂）　称取过硫酸铵 1g，加蒸馏水至 100ml。临用前配制。

（6）250g/L 蔗糖溶液　称取蔗糖 25g，加蒸馏水至 100ml。

（7）0.5g/L 溴酚蓝　称取溴酚蓝 50mg，溶于 0.005mol/L NaOH 100ml 中。

（8）染色液　10% 氨基黑 10B，称取氨基黑 10B 10g，溶于 100ml 7% 醋酸溶液。

（9）脱色液　7% 醋酸溶液，量取 10ml 冰醋酸加蒸馏水至 100ml。

（10）电极缓冲液（pH 8.3）　称取 Tris 6g、甘氨酸 28.8g，加蒸馏水 850ml，调节 pH 为 8.3，再用蒸馏水定容至 1000ml。使用时稀释 5 倍。

2. 仪器
盘状电泳装置、凝胶玻管（长 10~12cm，内径约 0.4cm）、凝胶柱制备架、细长滴管、微量取样器、20ml 玻璃注射器、7# 长局部麻醉注射针头。

四、操作步骤

1. 凝胶柱的配制

（1）将小玻璃管一头插入橡皮塞，垂直放于试管架中。

（2）按表 2-1 配制分离胶溶液于小烧杯中。

（3）用滴管吸取分离胶溶液，沿管内壁缓缓注入胶液至离玻璃管上端约 1cm 处。如有气泡，可轻轻叩打玻璃管，排除气泡。

（4）立即用滴管沿凝胶管管壁加入蒸馏水至约 0.5cm 高度处。

表 2-1　分离胶与浓缩胶的配制

试　剂	分离胶（ml）	浓缩胶（ml）
30%丙烯酰胺（含 Bis）	2.50	0.50
分离胶缓冲液 pH8.9	1.25	
浓缩胶缓冲液 pH6.7		
蒸馏水	5.25	3.27
1% TEMED（加速剂）	0.50	0.10
10g/L 过硫酸铵（催化剂）	0.50	0.50

注：分离胶浓度为 7.5%；本实验不制备浓缩胶，故下述（6）（7）可免。

（5）静置半小时以上，可见胶面和水面之间有一明显界面，表明分离胶已凝固。

（6）倒掉蒸馏水，并用滤纸将多余水分吸干。

（7）用滴管沿管内壁缓缓加入浓缩胶溶液，胶柱高 0.5~0.7cm；并随即沿管壁缓慢细心加入蒸馏水约 0.5cm 高度，静置半小时后使用。

2. 样品配制　取正常人（或兔）血清 0.2ml，加入 250g/L 蔗糖溶液 0.2ml，再加入 0.5g/L 溴酚蓝水溶液 0.1ml，混合后作为样品溶液待用。

3. 电泳

（1）选择合适（凝胶无气泡、裂缝、剥离或无聚合不匀）的凝胶管，去除蒸馏水和活塞，将凝胶管中间套上胶套并插入圆盘电泳槽中间的空洞中，使胶管下端恰好离开下槽底部。

（2）用滴管吸取电极缓冲液（Tris-甘氨酸）沿管壁慢慢加入凝胶管中，直至顶端。

（3）加样：用移液枪吸取配好的血清样品液 10μl，将样品轻轻加至凝胶管中。

（4）在电泳槽的上槽和下槽中各加入电极缓冲液，使凝胶管的上、下端均被浸没。

（5）将上层电泳槽的电极接电泳仪的负极，下槽接电泳仪的正极，接通电源。调节电压至 120V，记录每管的电流数。待示踪染料迁移到离下口约 0.5cm 处，切断电源（电泳时间约为 2 小时）。

4. 剥胶　取下凝胶管，用带有 7# 长局部麻醉注射针头的注射器吸取蒸馏水作润滑剂，将针头插入胶柱与管壁之间，边注水边推进注射针头，直至胶柱与管壁完全分开，然后用吸耳球轻轻在胶管的一端加压，使凝胶柱从凝胶管中缓慢滑出。

5. 染色　将凝胶置于大试管中，加入氨基黑 10B 染料浸过凝胶，染色 15 分钟左右。

6. 脱色　将已染色的胶柱浸泡于脱色液中，浸泡至脱色液与凝胶颜色相近，更换脱色液。直至背景脱至无色（需换 3~4 次洗脱液），蛋白质区带清楚出现，此过程需 7~8 小时。

五、结果

拍照或绘制血清蛋白质的聚丙烯酰胺凝胶电泳示意图（注明电极）。

六、注意事项

1. 制胶时，加入过硫酸铵后应迅速将溶液转移至凝胶管，并注意凝胶管底部不能有气泡出现。吸过配好凝胶液的吸管或滴管应迅速用大量水冲洗，以免凝胶在吸管或滴管内聚合，使吸管或滴管报废。另外，分离胶灌制后上层加水是为了防止空气中的氧气对凝胶聚合的抑制作用，加水时一定要特别小心，缓缓滴加，尽量减少胶液表面的振动与混合。

2. 装槽时要装稳、直、平。

3. 剥胶时要小心，针头很容易使凝胶表面损伤或损坏，影响电泳结果。

4. 丙烯酰胺和亚甲基双丙烯酰胺固体应贮存于棕色瓶中，在干燥与较低温度（4℃）情况下以减少水解，但只能贮存 1~2 个月。通过测定 pH 值（4.9~5.2）来检查是否失效。失效液不能聚合。

5. 丙烯酰胺和亚甲基双丙烯酰胺是神经性毒剂，并对皮肤有刺激作用，注意避免直接接触。大量操作（如纯化时）可在通风橱内进行。

6. 四甲基乙二胺要密封贮存，过硫酸铵溶液最好当天配制。

七、思考题

1. 不连续的聚丙烯酰胺凝胶电泳的高分辨率的原因是什么？

2. 凝胶柱上层水封的目的是什么？

（李春梅）

实验八　醋酸纤维素薄膜电泳法
分离血清蛋白质

一、实验目的

1. 掌握醋酸纤维素薄膜电泳法的原理和方法。

2. 了解醋酸纤维素薄膜电泳法分离血清蛋白质的临床意义。

二、实验原理

血清中各种蛋白质的等电点（pI）大都低于 7.0，在 pH 8.6 的缓冲液中，它们都电离成负离子，在电场中向正极移动。因各种蛋白质 pI 不同，在同一 pH 下带电荷量有差异，同时各蛋白质的分子大小与分子形状也不相同，因此在同一电场中泳动速度也不同。带电荷多，分子量小者，泳动较快；反之则较慢。

醋酸纤维素薄膜（CAM）电泳可将血清蛋白质分离为 5 条区带，从正极端起依次为清蛋白、α_1-球蛋白、α_2-球蛋白、β-球蛋白及 γ-球蛋白。由于染色时染料与蛋白质的结合与蛋白质的量成正比，因此将各蛋白质区带剪下，经脱色、比色或经透明处理后直接用光密度计扫描，即可计算出血清各蛋白质组分的相对百分数。如同时测定出血清总蛋白质浓度，还可计算出各蛋白质组分的绝对浓度。

三、试剂和仪器

1. 试剂

（1）巴比妥-巴比妥钠缓冲液（pH 8.6，离子强度 0.06）　称取巴比妥钠 12.36g、巴比妥 2.21g，于 500ml 蒸馏水中加热溶解，冷却至室温后，用蒸馏水定容至 1000ml。

（2）染色液

1）丽春红 S 染色液　称取丽春红 S 0.4g、三氯醋酸 6.0g，溶于蒸馏水中并定容至 100ml。

2）氨基黑 10B 染色液 ①第一种配方（推荐配方）：称取氨基黑 10B 0.1g，溶于 20ml 无水乙醇中，加冰醋酸 5ml，甘油 0.5ml；另取磺基水杨酸 2.5g 溶于少量蒸馏水中，加入前液，混合摇匀，再以蒸馏水补足至 100ml。②第二种配方：称取氨基黑 10B 0.5g，溶解于 50ml 甲醇中，加入冰醋酸 10ml 和蒸馏水 40ml，混合即成。

（3）漂洗液 ①3%（V/V）醋酸溶液，适用于丽春红 S 染色的漂洗。②甲醇 45ml，冰醋酸 5ml，蒸馏水 50ml，混匀，适用于氨基黑 10B 染色的漂洗。

（4）透明液 ①液体石蜡或氢萘的润湿透明法，均十分方便。②$V_{冰醋酸} : V_{95\%乙醇} = 2.7 : 7.5$ 的混合液。③N-甲基-2-吡咯烷酮-枸橼酸（柠檬酸）（3.03mol/L N-甲基-2-吡咯烷酮，0.15mol/L 枸橼酸）：称取枸橼酸 15g 溶于 150ml 水中，加入 N-甲基-2-吡咯烷酮 150ml，混匀，加蒸馏水至 500ml。

（5）洗脱液 ①0.1mol/L NaOH 溶液，适用于丽春红 S 染色的洗脱。②0.4mol/L NaOH 溶液，适用于氨基黑 10B 染色的洗脱。

2. 仪器 电泳仪、电泳槽、加样器、染色皿、漂洗皿、光密度计、721 分光光度计、醋酸纤维素薄膜 [2cm×8cm（比色法）；6cm×8cm（扫描法）]。

四、操作步骤

1. 准备

（1）电泳槽准备 将电泳槽置于水平平台上，两侧注入等量的巴比妥缓冲液，使其在同一水平面，液面与支架距离 2~2.5cm，支架宽度调节在 5.5~6cm，用三层滤纸或双层纱布搭桥。

（2）CAM 的准备 选择厚薄一致，透水性能好的 CAM，在无光泽面一端 1.5cm 处用铅笔轻画一横线作点样标记；然后将 CAM 无光泽面朝下，漂浮于盛有巴比妥缓冲液的平皿中，使之自然浸湿下沉，待充分浸透后（约 20 分钟）用镊子取出。

2. 点样

（1）将薄膜条置于洁净滤纸中间，无光泽面朝上，用滤纸轻按吸去 CAM 上多余的缓冲液。

（2）用血红蛋白吸管取待测新鲜血清 3~5μl，均匀涂布于点样用有机玻璃片或 X 射线胶片上，或用加样器蘸少许血清，垂直印在 CAM 无光滑面画线处，待血清完全渗入薄膜后移开。

3. 电泳

（1）将加样后的薄膜平直架于支架两端，无光泽面朝下，点样侧置于阴极端，用滤纸或纱布将膜的两端与缓冲液连通，平衡 5 分钟。

（2）将电泳槽的正极和负极分别与电泳仪的正极和负极连接，打开电源，调电压为 8~15V/cm 膜长或电流 0.3~0.5mA/cm 膜宽。夏季通电 45 分钟，冬季通电 60 分钟。待电泳区带展开 3.5~4.0cm，即可关闭电源。

4. 染色 用镊子取出薄膜条直接投入丽春红 S 或氨基黑 10B 染色液中染色 5~10 分钟。染色过程中不时轻轻晃动染色皿，使染色充分。薄膜条较多时，应避免彼此紧贴，致染色不良。

5. 漂洗 准备 3~4 个漂洗皿，装入漂洗液，从染色液中取出薄膜条并尽量沥去染色液，按顺序投入漂洗液中反复漂洗，直至背景无色为止。

6. 定量

（1）洗脱比色法

1）氨基黑 10B 染色法　将各蛋白质区带仔细剪下，分别置于各试管内，另从空白背景剪一块平均大小的膜条置于空白管中，在清蛋白管内加入 0.4mol/L NaOH 溶液 6ml（计算时吸光度值乘 2），其余各管加入 3ml，于 37℃ 水浴 20 分钟，并不断摇动，待颜色脱净后，取出冷却。用 620nm 比色，以空白管调零，读取各管吸光度值。

2）丽春红 S 染色法　用 0.1mol/L NaOH 溶液脱色，加入量同上，10 分钟后，向清蛋白管中加入 40%（V/V）醋酸 0.6ml（计算时吸光度值乘 2），其余各管加 0.3ml，以中和部分 NaOH，使色泽加深。用 520nm 比色，以空白管调零，读取各管吸光度值。

（2）光密度计扫描法

1）透明　不保留的电泳图可用液体石蜡或氢萘浸透后，取出夹在两块优质的薄玻璃间，供扫描用；要保留的电泳图可用冰醋酸-乙醇法或 N-甲基-2-吡咯烷酮-枸橼酸法透明。将薄膜放入透明液中 2~3 分钟（延长一些时间亦无碍），然后取出，以滚动方式平贴于洁净无划痕的载玻璃片上（勿产生气泡），将此玻片竖立片刻，除去一定的透明液后，于 70~80℃（N-甲基-2-吡咯烷酮-枸橼酸法透明，90~100℃）烘烤 15~20 分钟，取出冷却至室温，即可透明。

2）扫描定量　将已透明的薄膜置光密度计的暗箱内，选择波长 520nm，描记各蛋白质区带峰，并计算各蛋白质成分的相对百分含量。

五、结果及计算

$$各组分蛋白质\% = \frac{A_X}{A_T} \times 100\%$$

式中，A_X 表示各个组分蛋白质（Alb、α_1-球蛋白、α_2-球蛋白、β-球蛋白和 γ-球蛋白）吸光度；A_T 表示各组分蛋白质的吸光度值总和。

各组分蛋白质绝对浓度（g/L）= 血清总蛋白质（g/L）×各组分蛋白质百分浓度（%）

【参考范围】　每个实验室应根据不同的实验条件和检测对象设定参考范围，表 2-2、表 2-3 和表 2-4 的参考范围仅供参考。

表 2-2　丽春红 S 染色直接扫描法参考范围

蛋白质组分	g/L	占总蛋白质的百分数（%）
清蛋白	35~52	57~68
α_1-球蛋白	1.0~4.0	1.0~5.7
α_2-球蛋白	4.0~8.0	4.9~11.2
β-球蛋白	5.0~10.0	7.0~13.0
γ-球蛋白	6.0~13.0	9.8~18.2

表 2-3　氨基黑 10B 染色洗脱法参考范围

蛋白质组分	占总蛋白质的百分数（%）
清蛋白	57.45~71.73
α_1-球蛋白	1.76~4.48
α_2-球蛋白	4.04~8.28
β-球蛋白	6.79~11.39
γ-球蛋白	11.18~22.97

表 2-4　氨基黑 10B 染色直接扫描法参考值

蛋白质组分	g/L	占总蛋白质的百分数（%）
清蛋白	48.8±5.1	66±6.6
α_1-球蛋白	1.5±1.1	2.0±1.0
α_2-球蛋白	3.9±1.4	5.3±2.0
β-球蛋白	6.1±2.1	8.3±1.6
γ-球蛋白	13.1±5.5	17.7±5.8

【临床意义】

正常血清蛋白质电泳一般可分为 5 条区带，即 Alb、α_1-球蛋白、α_2-球蛋白、β-球蛋白和 γ-球蛋白。脐带血清、胎儿血清、部分原发性肝癌血清，在 Alb 和 α_1-球蛋白之间可增加一条甲胎蛋白带。多发性骨髓瘤可分离出 6 条区带，多出的 1 条称为 M 蛋白带。

在某些疾病中可见醋酸纤维素薄膜蛋白质电泳图明显异常，如急、慢性肾炎，肾病综合征，肾衰竭时，清蛋白降低，α_1-球蛋白、α_2-球蛋白和 β-球蛋白升高；慢性活动性肝炎、肝硬化时，清蛋白降低，γ-球蛋白升高。急性炎症时，α_1-球蛋白、α_2-球蛋白升高；慢性炎症时，清蛋白降低，α_2-球蛋白、γ-球蛋白升高。系统性红斑狼疮、类风湿关节炎时，清蛋白降低，γ-球蛋白显著升高。

六、注意事项

1. 通电时，不得接触槽内缓冲液或 CAM，以防触电。

2. CAM 在电泳前，必须浸泡在巴比妥缓冲液中，使薄膜浸泡透彻。

3. 缓冲液液面要保证一定高度，同时电泳槽两侧的液面应保持同一水平，否则通过薄膜时有虹吸现象，会影响蛋白质分子的泳动速度。

4. 电泳常见的缓冲液为巴比妥缓冲液，用硼砂、Tris 和 EDTA 组成的缓冲液可以分离出前清蛋白，三种 α-球蛋白，三种 β-球蛋白和 γ-球蛋白。

5. 电泳后区带应无拖尾，各区带明显分开，如果电泳图谱分离不清或不整齐，最常见的原因有：①点样过多；②点样不均匀、不整齐，样品触及薄膜边缘；③薄膜过湿，样品扩散；④薄膜未完全浸透或温度过高导致局部干燥或水分蒸发；⑤薄膜与滤纸桥接触不良；⑥薄膜位置歪斜、弯曲，与电流方向不平行；⑦缓冲液变质；⑧样品不新鲜；⑨CAM 质量不高等。

6. 血清加量适当，标本应新鲜，不得溶血。如为扫描法，丽春红 S 染色加入血清量在 0.5 1.0μl/cm，氨基黑 10B 染色加入血清量 1～1.5μl/cm。如血清总蛋白质含量超过 80g/L，用氨基黑 10B 染色时应将血清稀释 2 倍后加样。若不稀释，清蛋白中蛋白质含量太高，区带染色不透，反而出现空泡，甚至蛋白质膜脱落在染色液中，致使定量不准确。

七、思考题

1. 影响电泳的主要因素有哪些？简述影响本实验的因素。

2. 简述醋酸纤维素薄膜电泳分离血清蛋白质的临床意义。

（熊　伟）

实验九 醋酸纤维素薄膜电泳法分离
血清乳酸脱氢酶同工酶

一、实验目的

1. 掌握电泳法分离血清乳酸脱氢酶同工酶的原理与技术。
2. 熟悉测定血清乳酸脱氢酶同工酶的临床意义。

二、实验原理

乳酸脱氢酶（LDH）是葡萄糖无氧氧化过程中很重要的一种酶，其作用是催化丙酮酸与乳酸的相互转化。LDH 是由四个亚基组成的四聚体蛋白，亚基有两型：M 型（又称骨骼肌型），主要存在于骨骼肌中；H 型（又称心肌型），在心肌中含量较高。根据亚基组成不同，LDH 同工酶分为 LDH_1、LDH_2、LDH_3、LDH_4 和 LDH_5 五种（表 2-5）。

表 2-5　LDH 的分类及亚基组成

分　类	亚基组成
LDH_1	HHHH（H_4）
LDH_2	HHHM（H_3M）
LDH_3	HHMV（H_2M_2）
LDH_4	HMMM（HM_3）
LDH_5	MMMM（M_4）

在碱性缓冲液中，LDH 同工酶由于亚基组成不同，所带电荷不同，电泳迁移率有快、慢之分，因此，通过电泳方法可以将其分离。本实验采用醋酸纤维素薄膜作为电泳支持物，具有设备简单、操作方便、样品用量少、电泳时间短及区带分离清晰等优点。

以乳酸钠（钾）为基质，LDH 催化乳酸脱氢生成丙酮酸，同时 NAD^+ 还原为 $NADH+H^+$，$NADH+H^+$ 又将氢传递给吩嗪二甲酯硫酸盐（PMS），PMS 再将氢传递给淡黄色的氯化硝基四氮唑蓝（NBT），使其还原为紫色化合物，产物颜色的深浅与 LDH 活性成正比。其反应如下：

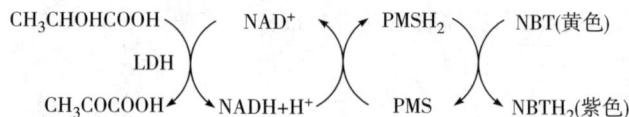

$$CH_3CHOHCOOH \xrightarrow{\quad} NAD^+ \xrightarrow{\quad} PMSH_2 \xrightarrow{\quad} NBT(黄色)$$
$$\text{LDH}$$
$$CH_3COCOOH \xleftarrow{\quad} NADH+H^+ \xleftarrow{\quad} PMS \xleftarrow{\quad} NBTH_2(紫色)$$

将电泳后的醋酸纤维素薄膜与含有底物乳酸和显色剂的染色液一起保温，便可显示出血清 LDH 同工酶的谱带（图 2-1）。将电泳图谱扫描或将各谱带洗脱进行比色分析，即可求得各同工酶的相对百分比。

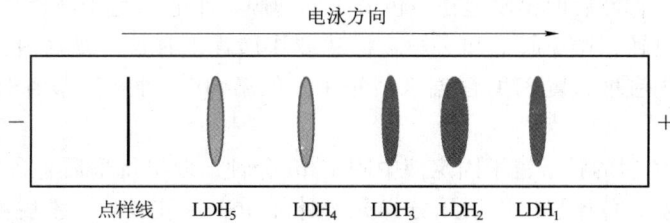

图 2-1 LDH 同工酶电泳图谱示意图

三、试剂和仪器

1. 试剂

（1）pH 8.6 巴比妥电泳缓冲液（离子强度 0.05） 称取巴比妥钠 20.6g，巴比妥 3.68g，加蒸馏水溶解，定容至 2000ml。

（2）pH 7.5 磷酸盐缓冲液（0.1mol/L） 称取磷酸二氢钾 2.16g，磷酸二氢钠 30.13g，加蒸馏水溶解，定容至 1000ml。4℃冰箱保存。

（3）0.1% 吩嗪二甲酯硫酸盐液 称取 PMS 100mg，用蒸馏水溶解，定容至 100ml，置棕色瓶内，放入冰箱保存备用。

（4）氯化硝基四氮唑蓝液 称取氯化硝基四氮唑蓝 1.25g，加入 pH 7.5 的磷酸盐缓冲液至 300ml（温水助溶过滤）。

（5）1mol/L 乳酸钠液（或 0.5mol/L 乳酸钠液） 量取 70%~80% 液体乳酸钠 16ml，加蒸馏水至 200ml 为 1mol/L 乳酸钠液。取 70%~80% 液体乳酸钠 8ml，加蒸馏水至 200ml 为 0.5mol/L 乳酸钠液。

（6）染色应用液 NAD^+ 40mg，0.1mol/L 磷酸盐缓冲液 4ml，氯化硝基四氮唑蓝 12ml，1mol/L 乳酸钠 4ml，吩嗪二甲酯硫酸盐液 1.2ml，混合均匀。临用前配制，避光保存。

（7）洗脱液 将三氯甲烷 9 份和无水乙醇 1 份，混合均匀。

（8）固定液 10% 冰醋酸。

2. 仪器 电泳仪、电泳槽（用两层滤纸或纱布搭桥）、恒温水浴箱、分光光度计、点样器、白瓷盘、玻璃板、滤纸、载玻片、醋酸纤维素薄膜。

四、操作步骤

1. 准备 将醋酸纤维素薄膜浸入 pH 8.6 巴比妥缓冲液中浸泡 15~20 分钟。取出后用干滤纸吸去多余的缓冲液。

2. 点样 将血清样本用小吸管吸出置于载玻片上，用点样器充分蘸取血清，在膜条的无光泽面，距一端 1.5~2cm 处垂直点样，静置 2~5 分钟，待血清全部渗入膜内（点样线应细窄、均匀、集中）。

3. 电泳 将膜条点样面朝下放置于电泳槽滤纸桥上，点样端在阴极端，保证膜条与滤纸紧贴、拉直，然后盖上槽盖，平衡 5 分钟后即可通电。电压为 6~10V/cm，通电 45 分钟，关闭电源，电泳完毕。

4. 染色 在电泳结束前 10 分钟配制染色应用液，取未用过的 2.5cm×8cm 醋酸纤维素薄膜一条，使其漂浮在染色液上，直到膜条完全湿透。将电泳毕的膜条自电泳槽内取出，点样面朝上贴于载玻片上；然后取出浸泡在染色液中的薄膜，小心覆盖于载玻片上的电泳膜条上，切勿拖动，操作需迅速，避免起泡和干燥。将载玻片移置于有盖搪瓷盘内，盘内放一块湿润的纱布，以保持盘内湿度，置 37℃ 恒温水浴箱中，保温 40 分钟（为节省时间可于 40℃ 保温 5~10 分钟）。

5. 定量 将染色后的膜条置于固定液中固定 10 分钟，取出待干后将各区带剪下溶于 2ml 洗脱液中，待膜溶解、色泽浸出以后用分光光度计在 560nm 波长处以洗脱液调零，测得各管吸光度值。

五、结果及计算

1. 在醋酸纤维素膜条上有 LDH 活性的地方显出紫色区带。

2. 血清中，某种 LDH 同工酶占血清总 LDH 的百分比，按以下公式计算：

$$某种 LDH\% = \frac{某种 LDH 吸光度值}{各种 LDH 吸光度值之和} \times 100\%$$

六、注意事项

1. 红细胞内 LDH 活力比血清约高 100 倍，标本不能溶血。血清标本宜新鲜，室温下应在 24 小时内做完。

2. 所用器材必须绝对清洁，整个试验过程必须控制温度和时间，以求结果准确。

3. 缓冲液 pH 要准确。

4. 电泳时温度不宜过高。室温超过 25℃ 时需用冰降温，以免影响酶的活力。

5. 有文献报道，LDH 同工酶 H 和 M 亚基均有突变种类型，可导致电泳图谱有五条以上区带。

6. 有文献报道，人血中存在抗 H 或抗 M 抗体，以致做同工酶分析时含 H 或 M 亚基的同工酶减少，甚至完全丧失。

7. 四氮唑蓝染色反应被用来测定同工酶活力，但有种非特异的酶被称为"无名脱氢酶"（nothing dehydrogenase，NDH）也可以产生类似反应，可干扰同工酶分析。在同工酶谱上 NDH 区带位置相当于 LDH_1 和 LDH_3 处。

8. 不同方法测定的正常值不同；用同一种方法测定，各家报告的结果亦略有差异。醋酸纤维素薄膜电泳分离血清 LDH 同工酶正常参考值见表 2-6。

表 2-6 醋酸纤维素薄膜电泳分离血清 LDH 同工酶正常参考值（%）

	例数	LDH_1	LDH_2	LDH_3	LDH_4	LDH_5
上海闸北中心医院	40	23~34	35~44	19~27	0~5	0~12
福州军区总医院	39	18~33	28~40	18~30	6~16	2~3

9. **临床意义** 不同组织中的 LDH 同工酶谱也不同（表 2-7），因此，器官损害可以在血清 LDH 同工酶谱中反映出来。LDH 同工酶测定目前主要应用于协助心肌梗死和某些肝疾病的诊断。在心肌梗死时 LDH_1 增加，LDH_2/LDH_1 的比率低于 1。

血清 LDH_5 增加可以作为急性肝炎早期指征，且可以发生在黄疸出现之前。持续升高或继续增加，提示有慢性肝炎。肝癌时，LDH_5 增加，胆道梗阻时 LDH_4 和 LDH_5 均增加，升高最明显的是 LDH_4。

骨骼肌损害，血清中 LDH_5 增高；创伤之后也有短暂升高，如臀部骨折及广泛性的外科手术后。

此外，活动性风湿性心肌炎、急性病毒性心肌炎、恶性贫血、获得性溶血性贫血、淋巴瘤和白血病（伴有溶血性贫血）时，LDH_4 均增高。充血性心力衰竭（代偿失调）、坏死性肝硬化、肝内肿瘤转移等，LDH_5 增加。

表 2-7　人体组织中 LDH 同工酶的分布

组　织	LDH 同工酶活性				
	LDH_1	LDH_2	LDH_3	LDH_4	LDH_5
心	73	24	3	0	0
肝	4	8	27	24	37
骨骼肌	0	0	5	17	78
肾	42	45	11	2	0
红细胞	43	44	12	1	0
白细胞	12	49	33	6	0

七、思考题

1. 血清标本为什么要求新鲜且不应溶血？
2. 影响本实验的可能因素有哪些？应采取什么样的有效措施加以避免？
3. 测定血清乳酸脱氢酶同工酶有何临床意义？

（栗学清）

实验十　蛋白质的盐析作用

一、实验目的

1. 掌握盐析的原理和方法。
2. 掌握离心机的使用方法。

二、实验原理

用中性盐类如 NaCl、$(NH_4)_2SO_4$ 等使蛋白质从溶液中沉淀析出的过程称为蛋白质的盐析作用。蛋白质具有胶体特性，当加入适当的中性盐类时蛋白质分子所处溶液形成高渗透压环境，使蛋白质外周水化膜被破坏；同时，盐类水解后形成的离子中和了蛋白质分子的电荷，使得蛋白质的胶体稳定性遭到破坏而沉淀。但此时蛋白质分子内部的结构没有改变，仍然保持其天然蛋白质的性质，即可复溶于原来的溶剂中。

各种蛋白质盐析时所需的盐浓度及 pH 均不同。利用不同浓度的盐溶液将不同的蛋白质分别析出称为分段盐析。本实验中球蛋白和清蛋白析出时所需的盐浓度不同。因此，通过盐析方法可以将蛋白质初步分离，但如欲获取纯品，还需应用其他方法。

三、试剂和仪器

1. 试剂

（1）$(NH_4)_2SO_4$ 饱和溶液　称取固体 $(NH_4)_2SO_4$ 80g 充分溶解于 100ml 蒸馏水中。注意溶液中有少量未溶解的 $(NH_4)_2SO_4$。

（2）鸡蛋清稀释液　1ml 鸡蛋清液倒入 10ml 蒸馏水，混匀。

（3）$(NH_4)_2SO_4$ 结晶的粉末。

2. 仪器　离心机。

四、操作步骤

1. 取离心管加鸡蛋清稀释液 1ml 及饱和 $(NH_4)_2SO_4$（74.5%）溶液 1ml 混合后静置 10 分钟，球蛋白即沉淀析出，2000 转/分钟离心 10 分钟。

2. 将离心后的上清液（含有清蛋白），吸出 1ml 加入另一支小试管，逐渐加入 $(NH_4)_2SO_4$ 结晶粉末，每加一次需用细玻璃棒充分搅拌，直至粉末不再溶解而达到饱和状态为止，静置约 10 分钟，离心 10 分钟，倾去上清液，此时的沉淀即为清蛋白。

3. 向上述两个离心管的沉淀内各加水 1ml，用细玻璃棒搅拌沉淀，观察沉淀能否复溶。

五、实验结果

1. $(NH4)_2SO_4$ 溶液在半饱和及饱和状态下，分别析出何种蛋白质？

2. 沉淀的蛋白质加水后是否复溶？

六、注意事项

1. 加 $(NH_4)_2SO_4$ 沉淀清蛋白时，一定要加入适量，倘若太过量则清蛋白不能沉淀，而呈乳胶状物，其原因是因溶液浓度太大，使蛋白质不能下沉，而相对密度太轻。

2. 倾倒液体要快，当试管有沉淀时要轻拿轻放，避免将沉淀摇起。

七、思考题

1. 球蛋白与清蛋白盐析，哪一种所需的盐浓度较大？为什么？

2. 向沉淀中加水后，发生了什么变化？以此能得出什么结论？

3. 何谓盐析？何谓蛋白质的变性？两者有何相同点及不同点？

4. 蛋白质沉淀与变性的关系如何？

5. 蛋白质的盐析及变性原理各有何应用价值？

（任　历）

实验十一　蛋白质的沉淀反应

一、实验目的

掌握蛋白质沉淀的常用方法，几种蛋白质沉淀方法的原理。

二、实验原理

蛋白质溶液是胶体溶液，同性电荷和水化膜是其主要稳定因素。当维持蛋白质胶体溶液的稳定因素被破坏时，蛋白质会从溶液中析出。蛋白质沉淀时多伴随构象的破坏，即发生蛋白质变性，例如重金属离子、生物碱试剂或高温导致的蛋白质沉淀均同时发生变性。不过在某些情况下，蛋白质沉淀仍能保持天然构象和生物活性，例如盐析。

1. 蛋白质的盐析　蛋白质的溶解度受 pH、温度、离子强度等因素影响。在蛋白质溶液中加入大量中性盐如 $(NH_4)_2SO_4$、$MgSO_4$、$NaCl$ 等，可以提高离子强度。高离子强度可中和蛋白质分子表面电荷并破坏其水化膜，导致蛋白质溶解度降低，从不饱和到过饱和而析出，称为盐析。

中性盐能否沉淀蛋白质取决于中性盐的浓度、溶液的 pH 值以及蛋白质胶体颗粒的大小。颗粒大者比颗粒小者容易析出，因此所需中性盐浓度相对较低。例如球蛋白在 50% 饱和度的 $(NH_4)_2SO_4$ 溶液中析出，而清蛋白则在 100% 饱和度的 $(NH_4)_2SO_4$ 溶液中析出。

2. 重金属离子沉淀蛋白质　当蛋白质溶液的 pH 值高于蛋白质的等电点时，蛋白质分子净带负电荷，可与带正电荷的重金属离子（例如 Cu^{2+}、Zn^{2+}）结合而析出。重金属盐类沉淀蛋白质可导致蛋白质变性。

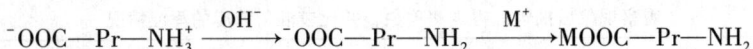

$$^-OOC-Pr-NH_3^+ \xrightarrow{OH^-} {}^-OOC-Pr-NH_2 \xrightarrow{M^+} MOOC-Pr-NH_2$$

3. 生物碱试剂沉淀蛋白质　生物碱试剂多指分子量较大的复盐（如碘化汞钾）以及特殊无机酸（如硅钨酸、磷钨酸）或有机酸（如苦味酸）的溶液。沉淀蛋白质常用的生物碱试剂有磷钨酸 $\{H_3[P(W_3O_{10})_4]\cdot xH_2O\}$、苦味酸（2,4,6-三硝基苯酚）、鞣酸（$C_{76}H_{52}O_{46}$）等。

当蛋白质溶液的 pH 值低于其等电点时，蛋白质分子净带正电荷，可与生物碱试剂中的阴离子结合而析出。析出的沉淀常可在碱性溶液中再溶解。

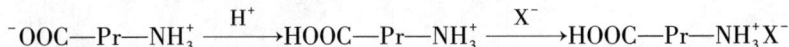

$$^-OOC-Pr-NH_3^+ \xrightarrow{H^+} HOOC-Pr-NH_3^+ \xrightarrow{X^-} HOOC-Pr-NH_3^+X^-$$

4. 蛋白质沉淀与变性　高温可破坏蛋白质分子的化学键，导致蛋白质变性，容易析出沉淀或凝固。但其沉淀或凝固与否与溶液的 pH 值有关。蛋白质在其等电点时所带净电荷为零，温度升高时易沉淀。在酸性或碱性溶液中，蛋白质分子带有正或负电荷，溶液较为稳定，温度升高时蛋白质变性却并不沉淀，而冷却后，加酸或加碱调整溶液 pH 值至蛋白质等电点，则蛋白质沉淀。

三、试剂和仪器

1. 试剂

（1）1∶10 鸡蛋清溶液　取 1ml 鸡蛋清液倒入 10ml 蒸馏水中，充分混匀。

（2）饱和 $(NH_4)_2SO_4$ 溶液　称取固体 $(NH_4)_2SO_4$ 80g 充分溶解于 100ml 蒸馏水中［溶液中有少量未溶解 $(NH_4)_2SO_4$］。

（3）10% 磺基水杨酸溶液　称取 10g 磺基水杨酸溶于蒸馏水，稀释至 100ml。

（4）1% 醋酸溶液　称取冰醋酸 1g 加入 99ml 蒸馏水中。

（5）其他试剂　0.5% NaOH 溶液、10% NaOH 溶液、固体 $(NH_4)_2SO_4$、0.5% $ZnSO_4$ 溶液、10% HCl 溶液、10% 醋酸溶液。

2. 仪器　微量移液器、漏斗、水浴箱、旋涡混合器。

四、操作步骤

1. 蛋白质的盐析

（1）取 1：10 鸡蛋清溶液 5ml 于一支大试管中，加入等量饱和（NH$_4$)$_2$SO$_4$ 溶液，混匀，静置 20 分钟，观察现象。

（2）过滤，取滤液 1ml 于一支小试管中，加入固体（NH$_4$)$_2$SO$_4$ 使溶液饱和（约需 0.5g），振摇，观察现象。

（3）再向此小试管中加入蒸馏水 2ml，振摇，观察现象。

2. 重金属离子沉淀蛋白质　取小试管 2 支，编号，如下操作并观察现象。

试　剂	试管 1	试管 2
1：10 鸡蛋清溶液（ml）	1	1
0.5% NaOH 溶液（滴）	1	
10% HCl 溶液（滴）		1
充分混匀		
0.5% ZnSO$_4$ 溶液（滴）	6	6
观察现象后摇匀，再观察现象，并比较混匀前后的浑浊情况		

3. 生物碱试剂沉淀蛋白质　取小试管 2 支，编号，如下操作并观察现象。

试　剂	试管 1	试管 2
1：10 鸡蛋清溶液（ml）	1	1
10% NaOH 溶液（滴）	2	
10% HCl 溶液（滴）		1
充分混匀		
10% 磺基水杨酸溶液（滴）	2	2
观察现象后摇匀，再观察现象，并比较混匀前后的浑浊情况		

4. 蛋白质沉淀与变性

（1）取大试管 4 支，编号，如下操作并观察现象。

试剂（滴）	试管 1	试管 2	试管 3	试管 4
1：10 鸡蛋清溶液	20	20	20	20
1% 醋酸溶液		1		
10% 醋酸溶液			10	
0.5% NaOH 溶液				5
各管混匀，置沸水浴中 5 分钟，观察有无浑浊，并比较浑浊度				

（2）水浴冷却，于试管 3 中逐滴加入 10% NaOH 溶液，边滴加边轻摇，仔细观察现象的连续变化。

（3）于试管 4 中逐滴加入 10% 醋酸溶液，边滴加边轻摇，观察现象的连续变化。

五、结果及计算

记录实验过程中观察到的现象，结合实验原理进行结果分析。

六、注意事项

1. 严格按照实验操作要求进行溶液的混匀，如充分混匀、轻摇等。
2. "蛋白质沉淀与变性"实验中，第（2）（3）步可能观察到连续现象，注意避免实验的不完整。

七、思考题

1. 解释在"蛋白质沉淀与变性"实验中观察到的现象。
2. 在盐析实验中，每次观察到浑浊或变清的原因是什么？

（孙丽萍）

实验十二　蛋白质的呈色反应——茚三酮呈色反应

一、实验目的

1. 掌握蛋白质茚三酮呈色反应的原理。
2. 了解茚三酮呈色反应在蛋白质检测中的意义。

二、实验原理

蛋白质中某些基团或共价键与一定的化学试剂反应，可呈现特定的颜色，这种现象叫做蛋白质的呈色反应。呈色反应是蛋白质的一个重要性质，可作为检测未知液中是否存在蛋白质的参考。本实验介绍蛋白质的茚三酮呈色反应。

蛋白质、多肽和各种氨基酸（除脯氨酸等亚氨基酸之外）都含自由氨基（不是亚氨基），与茚三酮共热时能生成蓝紫色化合物，这一呈色反应称茚三酮反应。

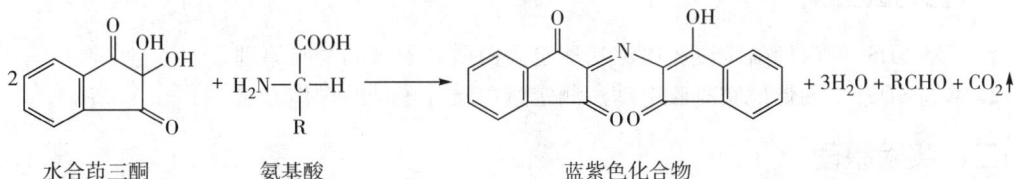

水合茚三酮　　　氨基酸　　　　　　　蓝紫色化合物

不过，其他伯胺化合物与茚三酮共热时，也能生成蓝紫色化合物。因此，茚三酮反应不是蛋白质、多肽和各种氨基酸的特征反应。

三、试剂和仪器

1. 试剂

（1）1∶10 鸡蛋清溶液　取 1ml 鸡蛋清液倒入 10ml 蒸馏水中，充分混匀。

（2）0.25% 丙氨酸溶液。

（3）0.1%茚三酮-乙醇溶液　称取茚三酮0.1g溶于100ml乙醇中。

2. 仪器　试管夹、酒精灯。

四、操作步骤

取大试管2支，编号，如下操作。

试剂（滴）	试管1	试管2
1：10鸡蛋清溶液	4	
0.25%丙氨酸溶液		4
蒸馏水	10	10
0.1%茚三酮-乙醇溶液	6	6
混匀，酒精灯加热约1分钟，观察颜色变化		

五、结果及计算

记录实验过程中观察到的现象，结合实验原理进行结果分析。

六、注意事项

酒精灯加热至溶液沸腾时，如时间不足1分钟或无颜色变化，可将试管离开火焰片刻，待溶液沸腾停止后再继续加热，以避免溶液喷出烫伤。

七、思考题

分析实验中，两支试管呈色深浅不同的原因。

（孙丽萍）

实验十三　SDS-聚丙烯酰胺凝胶电泳法测定蛋白质分子量

一、实验目的

1. 了解SDS-聚丙烯酰胺凝胶电泳法测定蛋白质分子量的实验原理。
2. 掌握SDS-聚丙烯酰胺凝胶电泳法测定蛋白质分子量的操作方法。

二、实验原理

聚丙烯酰胺凝胶电泳具有较高分辨率，用它分离、检测蛋白质混合样品，主要是根据各蛋白质组分的电泳迁移率的不同。这种差异就蛋白质分子本身而言，主要与其所带静电荷以及分子量和形状有关。当电泳体系中含有一定浓度的十二烷基硫酸钠（SDS）时，则电泳迁移率的大小只取决于蛋白质的分子量，从而可直接由电泳迁移率推算出蛋白质的分子量。

SDS的作用原理在于，这种阴离子去污剂能够与蛋白质结合，破坏蛋白质分子内部、分子之间以及与其他物质分子之间的非共价键，使蛋白质变性而改变原有的空间构象。当有强还原剂（如巯基乙醇）存在时，可使蛋白质分子内的二硫键被彻底还原。当SDS的总量为蛋白质量的 3～10 倍且 SDS 单位浓度大于 1mol/L 时，这两者的结合是定量的，大约每数克蛋白质可结合 1.4g SDS。蛋白质分子一经结合了一定量的 SDS 阴离子，所带负电荷的量远远超过了它原有电荷量，从而消除了不同种类蛋白质间电荷符号的差异。由于分子量越大的蛋白质结合的 SDS 越多，所带负电荷也越多，这就使各蛋白质-SDS 复合物的电荷密度趋于一致。同时，不同蛋白质-SDS 复合物形状也相似，均是长椭圆状。因此，在电泳过程中，迁移率仅取决于蛋白质-SDS 复合物的大小，也可以说是取决于蛋白质分子量的大小，而与蛋白质原来所带电荷量无关。据经验得知，当蛋白质的分子量在 16500～17000 之间时，蛋白质-SDS 复合物的电泳迁移率与蛋白质分子量的对数呈线性关系：$\lg Mr = k - bm$。式中，Mr 为蛋白质的分子量，m 为相对迁移率，k 为常数，b 为斜率。将已知分子量的标准蛋白质在 SDS-聚丙烯酰胺凝胶中的电泳迁移率对分子量的对数作图，即可得到一条标准曲线。只要测得位置分子量的蛋白质在相同条件下的电泳迁移率，就能根据标准曲线求得其分子量。

三、试剂和仪器

1. 试剂

（1）标准蛋白质（表 2-8） 低分子量标准蛋白质试剂盒，中国科学院上海生物化学研究所东风生化试剂厂生产。

表 2-8　5 种标准蛋白质

蛋白质名称	分子量
磷酸化酶	94000
牛血清清蛋白	67000
肌动蛋白	43000
磷酸酐酶	30000
烟草花叶病毒外壳蛋白	17500

（2）30% 丙烯酰胺溶液　丙烯酰胺 29.2g，亚甲基双丙烯酰胺 0.8g，加水至 100ml，棕色瓶 4℃ 保存。

（3）1.5mol/L Tris-HCl 分离胶缓冲液 pH 8.8（4×）　取 18.15g Tris，用 1mol/L HCl 调 pH 至 8.8，加水至 100ml，4℃ 保存。

（4）0.5mol/L Tris-HCl 浓缩胶缓冲液 pH 6.8（4×）：取 5.98g Tris，用 1mol/L HCl 调 pH 至 6.8，加水至 100ml，4℃ 保存。

（5）电极缓冲液（pH 8.3）　取 14.49g 甘氨酸，3.02g Tris，加 100ml 10% SDS，加水至 1L，4℃ 保存。

（6）10% SDS　取 10g SDS，加 100ml 水，完全溶解后室温保存。

（7）10% 过硫酸铵溶液（AP）　临用前现配。

（8）染色液（0.25% 考马斯亮蓝 R-250、50% 甲醇、7% 醋酸）　考马斯亮蓝 R-250 2.5g、甲醇（可用无水乙醇代替）500ml、70ml 冰醋酸，溶解后补足水至总体积 1000ml。

（9）脱色液（30% 甲醇、7% 醋酸）　甲醇（可用无水乙醇代替）300ml，冰醋酸 70ml，补足水至 1000ml。

（10）样品缓冲液（2×）　H_2O 2.4ml，浓缩胶缓冲液 1.0ml、甘油 0.8ml、10% SDS 3.2ml，2-巯基乙醇 0.4ml，0.025%（W/V）溴酚蓝 0.2ml。

（11）TEMED（四甲基乙二胺）。

2. 仪器　电泳仪、垂直板电泳槽、进样器。

四、操作步骤

1. 安装制胶模具。

2. 根据所得蛋白质的分子量范围，选择某一合适的分离胶浓度。按表 2-9 所列的实际用量配制。

表 2-9　分离胶浓度的配制

试　剂	分离胶浓度		
	7.5%（ml）	10%（ml）	15%（ml）
H₂O	4.90	10	2.40
30%丙烯酰胺	2.50	10	5.00
分离胶缓冲液（pH8.8）	2.50	7.5	2.50
10%SDS	0.10	0.3	0.10
TEMED	0.02	0.02	0.02
10%过硫酸铵	0.02	0.1	0.02

将分离胶混匀后立即灌注于玻板间隙中，上层小心覆盖一层正丁醇。将胶板垂直放于室温下，待分离胶聚合完全后，倾去正丁醇并用滤纸吸干。

3. 浓缩胶的制备　按表 2-10 配制浓缩胶，将浓缩胶混匀后直接灌注在已聚合的分离胶上，立即插入梳子，将凝胶垂直放于室温下聚合。

表 2-10　浓缩胶浓度的配制

试　剂	浓缩胶浓度		
	3%（ml）	4%（ml）	6%（ml）
H₂O	3.2	3.05	2.7
30%丙烯酰胺	0.5	0.65	1.0
浓缩胶缓冲液（pH 6.8）	1.25	1.25	1.25
10% SDS	0.05	0.05	0.05
TEMED	0.05	0.05	0.05
10%过硫酸铵	0.05	0.05	0.05
总体积	5	5	5

4. 样品预处理　取样品液与等体积样品缓冲液混合，100℃加热 1~2 分钟。

5. 待浓缩胶聚合完全后，小心移出梳子，然后将胶板固定于电泳装置上，上、下槽各加入电极缓冲液。

6. 加样　用微量进样器加样。每个样孔中加入 20μl 样品。

7. 电泳　在 100~150V 的电压下电泳，直至溴酚蓝到达胶底部，关闭电源。

8. 染色　从电泳装置上卸下玻板，小心撬开玻板去除凝胶，放入染色液中染色 2 小时以上。

9. 脱色　移出凝胶放入脱色液中脱色至本底无色为止。

五、结果及计算

用直尺分别量取样品区带中心及染料与凝胶顶端的距离，按下式计算：

电泳迁移率（m）= 样品迁移的距离（cm）/染料迁移的距离（cm）

以标准蛋白质的分子量的对数对相对迁移率作图，得到标准曲线。根据待测样品的相对迁移率，从标准曲线上查出其分子量。

六、注意事项

1. SDS 的纯度　在 SDS-PAGE 中，SDS 纯度要求较高。

2. SDS 与蛋白质的结合量　当 SDS 单体浓度在 1mmol/L 时，1g 蛋白质可与 1.4g SDS 结合才能生成 SDS-蛋白质复合物。巯基乙醇可使蛋白质间的二硫键还原，使 SDS 易与蛋白质结合。样品溶解液中，SDS 的浓度至少比蛋白质的量高 3 倍，低于这个比例，可能影响样品的迁移率，因此，SDS 的用量约为样品的 10 倍以上。此外，样品溶解液应采用低离子强度，最高不超过 0.26，以保证样品中有较多的 SDS 单体。在处理蛋白质样品时，每次都应在沸水浴中保温 3~5 分钟，以免有亚稳定态聚合物存在。

七、思考题

SDS 作用的原理是什么？

（任　历）

实验十四　凝胶色谱法测定蛋白质分子量

一、实验目的

1. 掌握凝胶色谱法的基本原理。
2. 学习凝胶色谱法测定蛋白质分子量的操作步骤。

二、实验原理

凝胶色谱（gel chromatography）也称凝胶排阻色谱（gel exclusion chromatography）、分子筛色谱（molecular sieve chromatography）或凝胶过滤（gel filtration）等，是利用具有网状结构的凝胶的分子筛作用，根据被分离物质的分子大小不同来进行分离的技术。凝胶色谱技术被广泛应用于分离、提纯、浓缩生物大分子及脱盐、去热原等各种生物化学实验过程之中，测定蛋白质分子量也是它的重要应用之一。

凝胶是一种具有立体网状结构且呈多孔的不溶性球状颗粒物，用凝胶来分离物质，主要是根据多孔凝胶对不同半径的蛋白质分子（近似于球形）具有不同的排阻效应来实现的，也就是根据分子大小这一物理性质进行分离纯化的。对于某种型号的凝胶，一些大分子不能进入凝胶颗粒内部而完全被排阻在外，只能沿着凝胶颗粒间的缝隙流出柱外；而一些小分子不被排阻，可自由扩散，渗透进入凝胶内部的筛孔，而后又被流出的洗脱液带走。分子越小，进入凝胶内部越深，所走的路程越多，故小分子最后流出柱外，而大分子先从柱中流出。一些中等大小的分子介于大分子和小分子之间，只能进入一部分凝胶较大的孔隙，即被部分排阻，因此这些分子从柱中流出的顺序也介于大、小分子之间。这样，样品经过凝胶色谱后，分子便按照从大到小的顺序依次流出，达到分离的目的。

将凝胶装柱后，柱床体积是指凝胶柱所能容纳的总体积，以 V_t（total volume）表示。实际上 V_t 是由 V_o、V_i 和 V_g 三部分组成：$V_t = V_o + V_i + V_g$。V_o 称为"孔隙体积"或"外体积"（outer volume）又称"外水体积"，是指凝胶柱中凝胶颗粒周围空间的体积，相当于一般色谱法中柱内流动相的体积；V_i 为内体积（inner volume），又称"内水体积"，是指凝胶颗粒内部所含水相的体积，相当于一般色谱法中的固定相体积，它可从干凝胶颗粒重量和吸水后的重量求得；V_g 为凝胶本身的体积，因此 $V_t - V_o = V_i + V_g$。洗脱体积（V_e）是指将样品中某一组分洗脱下来所需洗脱液的体积。它包括自加入样品时算起，到组分最大浓度出现时所流出的体积。V_e 一般是介于 V_o 和 V_t 之间的。对于完全排阻的大分子由于其不进入凝胶颗粒内，故其洗脱体积 $V_e = V_o$，对于完全渗透的小分子由于它可以存在于凝胶柱整个体积内，故其洗脱体积 $V_e = V_t$，分子量介于两者之间的分子，它们的洗脱体积也介于两者之间。

对于任何一种被分离的化合物在凝胶色谱柱中被排阻的范围均在 0~100% 之间，其被排阻的程度可以用分配系数 K_{av}（表明某个组分在内水体积和在外水体积中的浓度分配关系）表示，K_{av} 值的大小和凝胶柱床的总体积（V_t）、外水体积（V_o）以及分离物本身的洗脱体积（V_e）有关：$K_{av} = (V_e - V_o) / (V_t - V_o)$。$V_e$ 和 V_t 可以通过测定得到，测定了某个组分的 V_e 就可以得到这个组分的分配系数。在一定的条件下，V_t 和 V_o 都是恒定值。大分子先从柱中流出，说明其 V_e 值小，K_{av} 值也小；小分子后从柱中流出，说明其 V_e 值大，K_{av} 值也大。对于完全排阻的大分子 $V_e = V_o$，$K_{av} = 0$；对于完全渗透的小分子 $V_e = V_t$，$K_{av} = 1$。K_{av} 值是判断分离效果的一个重要参数，同时也是测定蛋白质分子量的一个重要依据，在相同色谱条件下，被分离物质 K_{av} 值差异越大，分离效果越好。反之，分离效果差或根本不能分开。在实际的实验中，我们可以测出 V_t、V_o 及 V_e 的值，从而计算出 K_{av} 的大小。对于某一特定型号的凝胶，在一定的分子质量范围内，各个组分的 K_{av} 与其分子量（Mr）的对数呈线性关系：$K_{av} = -b \log Mr + C$，其中 b、C 为常数。通过在同一凝胶柱中分离多种已知分子量的蛋白质，测得 V_e 值，求出 K_{av}，并根据上述的线性关系绘出标准曲线，然后在相同条件下测定未知蛋白质样品的 V_e 值，求出 K_{av}，即可通过标准曲线求得其分子量。

三、试剂和仪器

1. 试剂

（1）标准蛋白质　牛血清清蛋白：Mr = 67000，鸡卵清清蛋白：Mr = 45000，胰凝乳蛋白酶原 A：Mr = 24000，溶菌酶：Mr = 14300。

（2）未知蛋白质样品　鸡卵黏蛋白，取鸡蛋清，量出体积，加入等体积的 10% 三氯醋酸溶液，静置 4 小时后，3000 转/分钟离心 10 分钟，收集上清液，然后加入 3 倍上清液体积的预冷丙酮，4℃放置 2 小时后，以 3500 转/分钟离心 10 分钟，弃上清液，沉淀经真空干燥，除去残留丙酮，离心管中加入 20ml 蒸馏水溶解，即得到鸡卵类黏蛋白溶液。

（3）洗脱液　0.025mol/L KCl-0.1mol/L HAc。

（4）其他试剂　蓝色葡聚糖-2000、葡聚糖凝胶 Sephadex G-75。

2. 仪器　玻璃色谱柱、恒流泵、自动部分收集器、紫外分光光度计。

四、操作步骤

1. 凝胶溶胀 根据色谱柱体积确定凝胶的用量，本次实验称取 7g Sephadex G-75 于 250ml 烧杯中加入洗脱液 100ml，置于室温溶胀 2~3 天，反复倾泻去掉细颗粒，然后减压抽气去除凝胶孔隙中的空气，沸水浴中煮沸 2~3 小时（可去除颗粒内部的空气以及灭菌）。

2. 装柱

（1）取洁净的玻璃色谱柱垂直固定在铁架台上。

（2）凝胶柱床总体积（V_t）的测定：在距柱上端约 5cm 处做一记号，关闭柱出水口，加入蒸馏水，打开出水口，液面降至柱记号处即关闭出水口，然后用量筒接收柱中蒸馏水，读出的体积即为柱床总体积 V_t。

（3）向柱内加入约 1/3 柱体积的洗脱液，将浓浆状的凝胶缓慢地倾入柱中，使之自然沉降，待凝胶沉积 1~2cm 高度后打开出水口，流速一般用 0.5ml/min，胶面上升到柱记号处则装柱完毕，注意装柱过程中凝胶不能分层。然后关闭出水口，静置片刻，待凝胶完全沉降，则接上恒流泵，用 2~3 倍柱床体积的洗脱液平衡柱子，使柱床稳定。

3. V_o 的测定 吸去柱上端的洗脱液（切不可搅乱胶面，可覆盖一张滤纸或尼龙网）。打开出水口，使残余液体降至与胶面相切（但不要干胶），关闭出水口。用细滴管吸取 1ml（4.5mg/ml）蓝色葡聚糖-2000 溶液，小心地绕柱壁一圈（距离胶面 2mm）缓慢加入，打开出水口（开始收集），待溶液渗入胶床后，关闭出水口，用少许洗脱液加入柱中，渗入胶床后，柱上端再用洗脱液充满后用 0.5ml/min 的速度开始洗脱，自动收集器收集时间为 5 分钟每管。最后作出洗脱曲线。收集并量出从加样开始至洗脱液中蓝色葡聚糖浓度最高点的洗脱液体积即为 V_o。

注意： 蓝色葡聚糖洗下来之后，还要用洗脱液（1~2 倍柱床体积）继续平衡一段时间，以备下步实验使用。

4. 标准曲线的制作

（1）用洗脱液配制标准蛋白质溶液，溶液中四种蛋白质的浓度各为：牛血清清蛋白（5mg/ml）、鸡卵清清蛋白（8mg/ml）、胰凝乳蛋白酶原 A（5mg/ml）、溶菌酶（4.5mg/ml）。

（2）按第 3 步的操作方法加入配制好的标准蛋白质溶液 0.5ml，以 0.5ml/min 的速度洗脱并收集洗脱液。

（3）用紫外分光光度计逐管测定吸光度值（A_{280}），并确定各种蛋白质的洗脱峰最高点，然后量出各种蛋白质的洗脱体积 V_e。

（4）绘制洗脱曲线及 logMr-K_{av} 标准曲线。

5. 未知样品蛋白质分子量的测定 完全按照标准曲线的条件操作，根据紫外检测的洗脱峰位置，量出洗脱体积 V_e，重复测定 1~2 次，取其平均值，代入公式计算待测蛋白质的 K_{av} 值，然后在标准曲线上查得 logMr，其反对数便是未知样品的分子量。

注意： 实验完毕后，将凝胶全部回收处理，以备下次实验使用，严禁将凝胶丢弃或倒入水池中。

五、结果及计算

实验结果填入表中。

样　品	Mr	log Mr	V_e	V_o	V_t	K_{av}
牛血清清蛋白	67000	4.8261				
鸡卵清蛋白	45000	4.6532				
胰凝乳蛋白酶原 A	24000	4.3802				
溶菌酶	14300	4.1553				
未知蛋白质样品						

1. 以吸光度值（A_{280}）为纵坐标，洗脱体积（V_e）为横坐标，绘制蓝色葡聚糖洗脱曲线，对于蓝色葡聚糖来说 $V_e = V_o$；

2. 以吸光度值（A_{280}）为纵坐标，洗脱体积（V_e）为横坐标，绘制标准蛋白质洗脱曲线；

3. 以吸光度值（A_{280}）为纵坐标，洗脱体积（V_e）为横坐标，绘制未知蛋白质样品洗脱曲线；

4. 根据公式 $K_{av} = (V_e - V_o) / (V_t - V_o)$，求出标准蛋白质各组分的 K_{av} 值，各个组分的 K_{av} 值与其分子量（Mr）的对数呈线性关系：$K_{av} = -b \, \log Mr + C$，根据上述的线性关系绘制 log Mr-$K_{av}$ 标准曲线，然后在相同条件下测定未知蛋白质样品的 V_e 值，求出 K_{av}，在标准曲线上查出未知蛋白的 logMr，其反对数便是待测蛋白质的分子量。

六、注意事项

1. 各接头不能漏气，如果操作过程中，色谱柱内液面不断下降，则表示整个系统有漏气之处，应仔细检查并重新连接。

2. 始终保持柱内液面高于凝胶表面，否则水分挥发，凝胶变干，影响分离效果。

3. 洗脱用的液体应与凝胶溶胀所用液体相同，否则，由于更换溶剂引起凝胶容积变化，从而影响分离效果。

4. 洗脱速度保持在 0.3~0.6ml/min 之间，如果洗脱速度太快，样品与凝胶不能在短时间达到平衡，从而导致较差的分离。洗脱速度太低，样品的扩散则不能被忽略，并且将需要更长的时间。

5. 操作压过大可使流速变慢，此外，还可导致凝胶胶面下降，柱床体积改变，相应测出的 V_t，V_o，V_e 等也改变，造成实验结果的误差。

七、思考题

1. 简述凝胶色谱分离生物大分子的原理。

2. 凝胶色谱时，要保持胶面平整，并且不能干柱，简述其原因。

3. 影响凝胶色谱分辨率的主要因素有哪些？

（赵　乐）

实验十五　聚丙烯酰胺凝胶等电聚焦
电泳法测定蛋白质等电点

一、实验目的

1. 学习聚丙烯酰胺凝胶等电聚焦电泳法测定蛋白质等电点的原理。

2. 掌握圆盘电泳法测定蛋白质等电点的基本操作方法。

二、实验原理

蛋白质是两性电解质，在一定的 pH 条件下，所带的净电荷为零，在电场中既不向正极移动也不向负极移动，此时环境的 pH 值就是该蛋白质的等电点（isoelectric point，pI）。各种蛋白质因其氨基酸组成不同，而具有不同的等电点。

等电聚焦电泳（isoelectric focusing electrophoresis，IEFE）是 20 世纪 60 年代后期发展起来的一种电泳新技术，它能利用支持介质形成的 pH 梯度分离等电点不同的蛋白质。聚丙烯酰胺凝胶中能形成稳定的、连续的和线性的 pH 梯度，因此是 IEFE 常用的 pH 梯度支持介质，即等电聚焦聚丙烯酰胺凝胶电泳（IEF-PAGE）。根据建立 pH 梯度的原理不同，IEFE 分为载体两性电解质梯度和固相 pH 梯度，前者是在电场中通过两性缓冲离子迁移到自己等电点而建立pH 梯度；后者是在凝胶聚合时即可形成 pH 梯度，分辨率更高。本实验采用第一种方法。载体两性电解质 pH 梯度等电聚焦是在支持介质中放入载体两性电解质，通以直流电后在两极之间会形成稳定的且连续的线性 pH 梯度。当带电的蛋白质分子进入此体系时便开始泳动，一定时间后将聚焦在与其等电点相应的 pH 的位置，而使不同等电点的蛋白质分子分离，同时也可根据蛋白质带在 pH 梯度中的位置测得该蛋白质的等电点。

载体两性电解质是脂肪族多胺和多羧酸类的混合物，有相近但不同的 pK_a 和 pI，直接影响 pH 梯度的形成和蛋白质的聚焦，是 IEF-PAGE 中的关键试剂，因此要选用优质的载体两性电解质。理想的载体两性电解质应具有以下特点：分子量小、可溶性好、缓冲能力强、导电性均匀、紫外吸收低、不发荧光等。在制备聚丙烯酰胺凝胶时，要将载体两性电解质混溶其中，电泳时凝胶正极为酸性环境，载体两性电解质都带正电荷，但由于等电点不同，其所带的正电荷的数量就有所差异，电泳时向负极泳动的速度也就不同；同理，负极呈碱性环境，载体两性电解质带有不同数量的负电荷，则会以不同速度向正极泳动。在两性电解质泳动的同时，不断地与溶液交换质子，改变溶液的 pH 值；当达到平衡时，即得失质子相等，载体两性电解质的各种组分到达并各自处于其 pI 区域，而凝胶也呈现出一定的 pH 梯度。由于凝胶具有防对流扩散作用，因此，保持凝胶内的 pH 梯度稳定不变。

一般的载体两性电解质溶液浓度为 20% 或 40%，其 pH 范围分别为 2.5~5.0、4.0~6.5、5.0~8.0、6.5~9.0、8.0~10.5、3.0~10.0 等。因此，IEF-PAGE 分离蛋白质并测定 pI 时，可选用 pI 为 3~10 的两性电解质载体及同一范围的标准 pI 蛋白质，将其与未知蛋白质样品同时电泳，固定染色后，以 pH 为纵坐标，距负极迁移距离（mm）为横坐标，作出 pH 梯度标准曲线，根据染色后未知蛋白质迁移距离则可推知其 pI。

IEF-PAGE 操作简单，只需一般电泳设备就可进行，电泳时间短，分辨率高，应用范围广，可用于分离蛋白质及测定其 pI，也可用于临床医学鉴别诊断、农业、食品研究、动物分类等各领域。

三、试剂和仪器

1. 试剂

（1）负极电极溶液　将 10g 氢氧化钠溶于 500ml 蒸馏水中即可。

（2）正极电极溶液　将 16ml 浓磷酸用 484ml 蒸馏水稀释即可。

（3）1% TEMED（四甲基乙二胺，加速剂）　TEMED 1ml，加蒸馏水 99ml 混匀，4℃冰箱保存。

（4）10g/L 过硫酸铵（催化剂） 称取过硫酸铵 1g，加蒸馏水至 100ml。临用前配制。

（5）两性电解质载体 pH 3.5~10.0，含量 40%，4℃保存。

（6）其他试剂 14% 丙烯酰胺和 0.4% N', N'-亚甲基双丙烯酰胺（Bis）溶液、10% 三氯醋酸溶液、牛胰核糖核酸酶。

2. 仪器 盘状电泳装置、制胶玻管架、表面皿、微量加样器、量筒、注射器、7#长局部麻醉注射针头、刀片。

四、操作步骤

1. 装管 将干净、干燥的双通玻璃管 4 支，垂直插在制胶玻管架上，并用封口膜将玻璃管的底部封闭。

2. 配胶 如下配制胶溶液于小烧杯中。

试　　剂	胶溶液（ml）
14% 丙烯酰胺（含 0.4% Bis）	5.0
两性电解质载体	0.75
蒸馏水	9.1
1% TEMED（加速剂）	0.1
10g/L 过硫酸铵（催化剂，最后加）	0.03

3. 灌胶和加样 用滴管吸取分离胶溶液，沿管内壁缓缓注入胶液至玻璃管的 1/2 处后，向其中的 2 支管（样品管）加入牛胰核糖核酸酶 0.05ml，继续滴加凝胶溶液至距玻管上端约 1cm 处为止；另 2 支管为空白对照（不加牛胰核糖核酸酶）。最后用滴管沿管内壁小心注入蒸馏水封闭胶面。如有气泡，可轻轻叩打玻璃管，排除气泡。

4. 电泳

（1）把负极电极溶液倒入下层电极槽内，电极溶液应没过玻管的下端，并轻摇凝胶管以除去气泡。

（2）用滤纸条轻轻吸取凝胶上端的水封层后，加入正极电极溶液。若有气泡，用长针头挑出。

（3）上槽接正极，下槽接负极，接通电源，调节电流小于 2mA/管，每隔 15 分钟记下电压读数。当电压趋于稳定时，聚焦 4 小时即可停止。

5. 剥胶

（1）倒出上槽电极溶液，取下凝胶管，再用蒸馏水冲洗凝胶管两端 3 次。

（2）用带有 10cm 7#长局部麻醉注射针头的注射器吸取蒸馏水作润滑剂，将针头插入胶柱与管壁之间，一边注水一边推进针头，直到胶柱与管壁完全分开。

（3）用吸耳球轻轻在胶管的一端加压，使凝胶柱从玻管中缓慢滑出。

6. 固定 将凝胶平放于黑色的胶柱托盘上，注明两端的正、负极，然后量出每一根凝胶柱的长度，记为 L_1，将其中两根凝胶柱（一根空白、一根样品胶）分置于培养皿内，加入 10% 三氯醋酸溶液（溶液应淹没凝胶柱）固定过夜。一般固定 2 小时后即可看到凝胶柱内有白色的蛋白质沉淀带产生。

7. pH 测定 取 18 支干净干燥的试管分放于试管架上，向每支试管内加入 1ml 蒸馏水，将未经三氯醋酸固定的凝胶柱平放在玻璃板上，按照从正极端（酸性端）到负极端（碱性端）的顺序，用刀片依次切成 5mm 长的小段，依次放入试管内，浸泡过夜。次日，用 pH 试纸分别测出每支试管内浸泡液的 pH。量出固定后的凝胶柱长度（记为 L_2）和聚焦部位至正极端的距离（记为 I_p）。

五、结果及计算

1. 以凝胶柱距正极端的距离为横坐标，对应的 pH 为纵坐标，绘制 pH 梯度曲线。

2. 计算样品的蛋白质等电点

（1）计算蛋白质样品等电聚焦部位距凝胶正极端的实际长度

$$L_p = I_p \ (L_1 / L_2)$$

式中，I_p 为蛋白质白色沉淀区带中心距离凝胶柱正极端的长度；L_1 为凝胶柱固定前的长度；L_2 为凝胶柱固定后的长度。

（2）根据蛋白质聚焦部位距凝胶柱正极端的实际长度 L_p，从 pH 梯度曲线上查出对应的 pH 就是该蛋白质的等电点。

六、注意事项

1. 过硫酸铵加入后应快速而轻轻地混匀后，立即灌胶。

2. 加水封时不要搅动凝胶液，以保证凝胶的正常聚合而形成平坦的表面，在室温静置聚合。

七、思考题

聚丙烯酰胺凝胶为什么能被用作等电聚焦电泳的支持介质？

（李春梅）

第三章 酶的性质及活性测定

实验十六 酶的性质——酶的特异性（专一性）

一、实验目的

掌握检测酶的特异性的原理与方法。

二、实验原理

酶作用的特点之一是具有高度的专一性，即一种酶只能作用于一种（或一类）化合物或一种化学键。唾液中的淀粉酶只能催化具有 α-1,4-葡萄糖苷键和 α-1,6-葡萄糖苷键的淀粉水解产生具有还原性的麦芽糖，而不能催化不具有 α-1,4-葡萄糖苷键和 α-1,6-葡萄糖苷键的蔗糖、棉子糖水解；反之，酵母液中的蔗糖酶不能水解 α-葡萄糖苷键，但能催化具有 α-吡喃葡萄糖-β-呋喃果糖苷键的蔗糖和棉子糖水解，产生还原性的果糖、葡萄糖、蜜二糖。蔗糖、棉子糖和淀粉都不具还原性，经蔗糖酶作用后，前两者可产生具还原性的果糖、葡萄糖、蜜二糖。

班氏试剂是一种碱性铜试剂，与还原糖共热时，试剂中的 Cu^{2+} 被还原为 Cu^+，并生成 Cu_2O，Cu_2O 沉淀的颜色可因其颗粒大小及多少而不同，量多且颗粒大时为砖红色，量少时呈红绿色。

三、试剂和仪器

1. 试剂

（1）班氏试剂 无水硫酸铜 1.74g，溶于 100ml 蒸馏水中，加热促溶。枸橼酸钠 173g 和无水 Na_2CO_3 100g，溶于 700ml 蒸馏水中，加热促溶。冷却后，缓慢混合两种溶液，最后加蒸馏水定容至 1000ml。

（2）其他试剂 乙醚、1% 蔗糖溶液、1% 棉子糖溶液、1% 淀粉溶液。

2. 仪器 恒温水浴箱、研钵。

四、操作步骤

1. 蔗糖酶溶液的制备 取新鲜酵母 5g 于研钵中，加适量净砂和乙醚 8ml 充分研磨，取蒸馏水 20ml，分次加入，边加边研磨约 15 分钟。用漏斗垫脱脂棉过滤，滤液再加 2 倍蒸馏水稀释。

2. 稀释唾液的制备 先用自来水漱口，除去食物残渣，然后含一小口蒸馏水，做咀嚼动作 1~2 分钟，使唾液分泌增多。吐出经滤纸过滤，收集于小烧杯内备用。

3. 取 15mm×150mm 试管 8 支，编号，如下操作。

试 剂	试 管 号							
	1	2	3	4	5	6	7	8
1% 淀粉溶液	2 滴				2 滴			
1% 蔗糖溶液		2 滴				2 滴		
1% 棉子糖溶液			2 滴				2 滴	
稀释的唾液（淀粉酶）	2 滴	2 滴	2 滴	2 滴				
酵母液（蔗糖酶）					2 滴	2 滴	2 滴	2 滴
混匀，置 37℃ 水浴保温 10 分钟								
班氏试剂	2 滴	2 滴	2 滴	2 滴	2 滴	2 滴	2 滴	2 滴
混匀，置沸水浴 3 分钟后，观察各管颜色变化								

五、结果及计算

根据观察到的现象，记录各管的颜色改变情况，并解释原因。

六、注意事项

本实验所用试剂种类多，为避免弄错，加试剂前应确认试剂名称和浓度。

七、思考题

1. 什么是酶的特异性？本实验如何验证了酶的特异性？
2. 蔗糖酶能水解何种糖苷键？为什么？

（熊　伟）

实验十七　影响酶促反应速度的因素
——底物浓度、酶浓度

一、实验目的

1. 掌握底物浓度对酶促反应速度的影响，并通过绘制双倒数图求米氏常数 K_m；酶浓度对酶促反应速度的影响。
2. 熟练使用分光光度计。
3. 了解酶促反应速度测定原理。

二、实验原理

1. 碱性磷酸酶酶促反应速度的测定　碱性磷酸酶可以催化磷酸苯二钠水解，生成苯酚和磷酸氢二钠。反应如下：

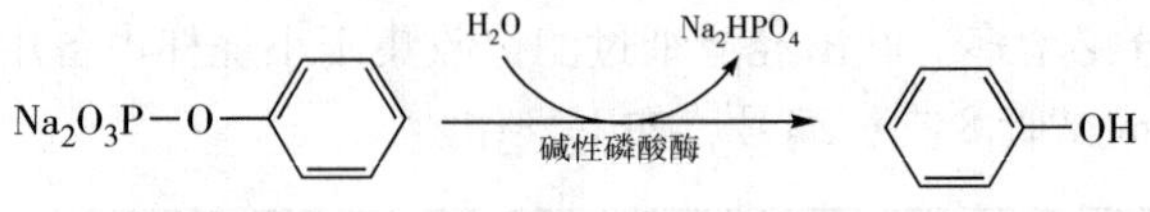

磷酸苯二钠　　　　　　　　　　　　　　　　苯酚

产物苯酚在碱性条件下与酚试剂（含有磷钼酸-磷钨酸）发生呈色反应，生成蓝色物质，用分光光度计在660nm波长下比色，可检测蓝色物质的生成量。通过测定一定时间内蓝色物质的生成量可推知苯酚生成量，从而确定酶促反应的速度。

2. 酶浓度对酶促反应速度的影响　在酶促反应中，如果底物浓度远高于酶浓度，并且使酶饱和，则酶促反应速度与酶浓度成正比。（图 3-1）

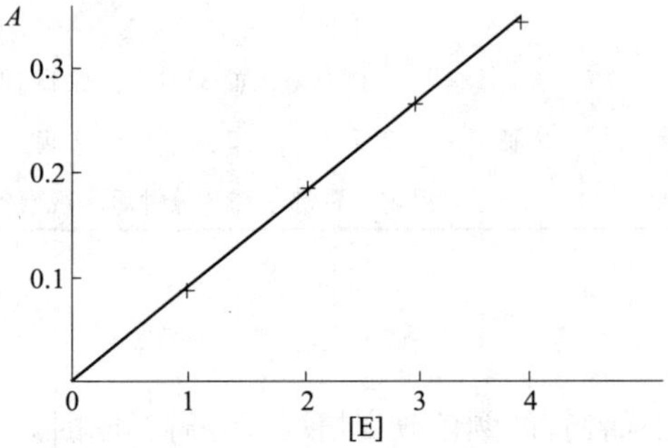

图 3-1　酶浓度与酶促反应速度的关系

3. 底物浓度对酶促反应速度的影响　对于单底物反应，①在底物浓度很低时，反应速度 V_0 随着底物浓度 [S] 的升高而提高，两者成正比，表现为一级反应。②在底物浓度较高时，随着底物浓度继续升高，反应速度还在提高，但提高幅度越来越小，两者不再成正比。③在底物浓度很高时，即使底物浓度继续升高，反应速度也基本不再提高，表现为零级反应，说明此时所有酶分子都已经与底物结合，接近饱和状态。1913 年前后 L. Michaelis 和 M. L. Menten 将此底物浓度与酶促反应速度的关系归纳成一个数学方程式，即米氏方程（Michaelis equation）。（图 3-2）

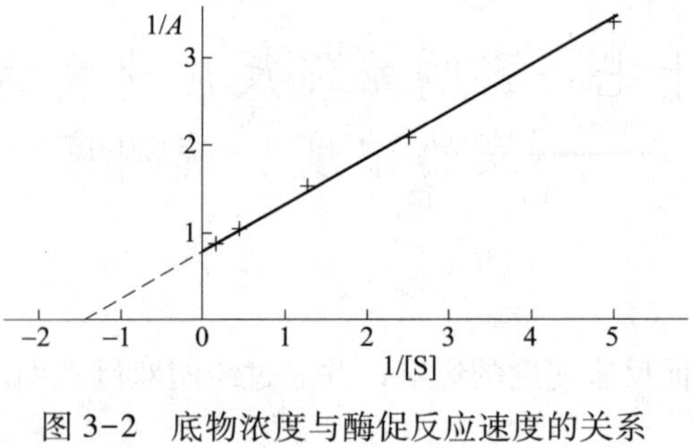

图 3-2　底物浓度与酶促反应速度的关系

$$V = \frac{V_{max}\,[S]}{K_m + [S]}$$

将米氏方程式进行变换，使它成为相当于 $y=ax+b$ 的直线方程式，便可容易地用图解法准确求得 K_m 值和 V_{max}。这就是双倒数作图法又称为林-贝作图法。

$$\frac{1}{V_0} = \frac{K_m}{V_{max}} \cdot \frac{1}{[S]} + \frac{1}{V_{max}}$$

在林-贝方程中，$1/V_0$ 与 $1/[S]$ 呈线性关系。应用双倒数作图法可以求酶的 K_m 值：以 $1/V_0$ 对 $1/[S]$ 作图得到一条直线，其斜率是 K_m/V_{max}，在纵坐标上的截距为 $1/V_{max}$，在横坐标上的截距为 $-1/K_m$。

三、试剂和仪器

1. 试剂

（1）pH 10.0 0.1mol/L 硼酸-氯化钾-NaOH 缓冲溶液（以下简称 pH10.0 缓冲液） 量取 25.0ml 0.2mol/L 的硼酸-氯化钾溶液与 43.9ml 0.1mol/L NaOH 混合均匀，加水稀释至 100ml。

（2）底物液 首先配制 0.02mol/L 磷酸苯二钠溶液（称取磷酸苯二钠 2.18g，迅速加入已煮沸的 500ml 蒸馏水中，冷却后加入三氯甲烷 2ml 防腐，冰箱保存），使用时稀释至需要浓度（0.012mol/L、0.006mol/L、0.003mol/L 溶液）。

（3）酚试剂 配制方法见实验三。

（4）0.5mol/L Na$_2$CO$_3$ 溶液 准确称取 5.3g Na$_2$CO$_3$，用蒸馏水溶解并定容至 500ml。

2. 仪器及材料 大试管、手术器械（刀、镊子、剪刀等）、匀浆器、离心机、天平、分光光度计、恒温水浴箱、制冰机、旋涡混合器。

3. 动物 大鼠。

四、操作步骤

1. 酶液的制备

（1）处死大鼠，解剖取出肾，剥去外层脂肪，将肾剪碎，置于匀浆器中，加蒸馏水 6ml 磨成匀浆（在冰浴中）。

（2）将匀浆倒入 2 支小试管，用蒸馏水 4ml 涮洗匀浆器内壁，一并倒入 2 支小试管中。配平，2500 转/分钟离心 3 分钟。

（3）将上清液全部倒入 50ml 量筒中，加蒸馏水稀释至 50ml，此为 1：50 酶储存液（可于冰箱内保存数日）。

（4）使用时取储存液 1ml 稀释至 80ml（1：4000）。

2. 底物浓度对酶促反应速度的影响 取大试管 6 支，编号，如下操作。

试剂（ml）	试管号					
	1	2	3	4	5	6
pH 10.0 缓冲液	0.5	0.5	0.5	0.5	0.5	0.5
底物液（0.003mol/L）		0.1				
底物液（0.006mol/L）			0.1			
底物液（0.012mol/L）				0.1	0.3	0.5
蒸馏水	0.5	0.4	0.4	0.4	0.2	
混匀后冰浴 2~3 分钟						
酶液（1：4000）	0.5	0.5	0.5	0.5	0.5	0.5
混匀后，37℃保温 15 分钟						

续表

试剂（ml）	试管号					
	1	2	3	4	5	6
酚试剂	0.5	0.5	0.5	0.5	0.5	0.5
0.5mol/L Na$_2$CO$_3$	3.0	3.0	3.0	3.0	3.0	3.0
混匀后，37℃保温15分钟						
混匀后，以第一管为空白管，用660nm波长比色，测定各管吸光度						

3. 酶浓度对酶促反应速度的影响　取大试管5支，编号，如下操作。

试剂（ml）	管　号				
	1	2	3	4	5
pH10.0缓冲液	0.5	0.5	0.5	0.5	0.5
底物液（0.012mol/L）	0.5	0.5	0.5	0.5	0.5
蒸馏水	0.5	0.4	0.3	0.2	0.1
混匀后冰浴2~3分钟					
酶液（1∶4000）		0.1	0.2	0.3	0.4
混匀后，37℃保温10分钟					
酚试剂	0.5	0.5	0.5	0.5	0.5
0.5mol/L Na$_2$CO$_3$	3.0	3.0	3.0	3.0	3.0
混匀后，37℃保温15分钟					
混匀后，以第一管为空白管，用660nm波长比色，测定各管吸光度值					

五、结果及计算

1. 底物浓度对酶促反应速度的影响　记录吸光度值，并以吸光度倒数为纵坐标、底物浓度倒数为横坐标作图，求米氏常数。

2. 酶浓度对酶促反应速度的影响　以吸光度为纵坐标、酶浓度为横坐标作图，观察反应速度和酶浓度的关系。

六、注意事项

酚试剂呈强酸性，加入后可终止酶促反应，以控制酶促反应时间。因此，加入后应立即充分混匀，使酶变性失活。

七、思考题

1. 各组实验试管加入酶液前需置于冰浴2~3分钟，其作用是什么？

2. 本实验1号管为空白对照管，试分析两个实验中的1号管有什么不同？

3. 酚试剂在本实验中有哪些作用？

4. 在两个实验中，各管加入不同体积的蒸馏水，其作用是什么？

（孙丽萍）

实验十八　影响酶促反应速度的因素——温度、pH 值

一、实验目的

1. 加深对酶性质的认识。
2. 掌握影响酶活力的各种因素及其原理。

二、实验原理

　　温度是影响酶活性的因素之一。温度对酶活性的影响有双重性，在一定的温度范围内，酶的活性通常随着温度的升高而升高，因为有更多的分子成为活化分子。反之，酶的活性下降。通常温度每升高 10℃，反应速度加快一倍左右，最后反应速度达到最大值。另一方面，酶是一种蛋白质，温度提高可引起蛋白质变性，导致酶活性逐渐丧失。因此，每种酶都有它的最适温度，即酶促反应速度达最大值时的温度。如果反应温度超过最适温度，随着温度的升高，反应速度反而逐渐下降，以致完全停止反应。通常酶的最适温度接近于它所存在的生物体的温度，比如，人体中的大多数酶的最适温度是 37℃ 左右。

　　酶活力受环境 pH 的影响，在一定 pH 下，酶表现出最大活力，高于或低于此 pH，酶活力都降低，通常把表现出酶最大活力的 pH 称为该酶的最适 pH。pH 影响酶活力的主要原因有两方面：①pH 影响酶分子活性部位必需基团的解离，或影响底物的解离状态，从而影响酶活性中心与底物的结合或催化；②有关基团解离状态的改变影响酶的空间构象，甚至会使酶变性。尽管有一些酶能忍受较大的 pH 变化，但大多数酶保持活性的 pH 值范围很窄，因此生物体内存在缓冲体系调节体内的适宜 pH 值。

　　本实验以唾液淀粉酶在不同温度和酸、碱条件下对淀粉的作用为例，观察温度和 pH 对酶活性的影响，唾液淀粉酶催化淀粉水解生成各种不同大小分子糊精及麦芽糖，它们遇碘各呈不同的颜色，从而判断淀粉酶是否存在及其酶活性强弱。

三、试剂和仪器

1. 试剂

（1）1% 淀粉溶液　可溶性淀粉 1g 加水约 60ml 摇匀，徐徐加热煮沸，使完全溶解，溶液变成透明后，加水到 100ml，混匀。保存于冷处，数日内不出现浑浊者可用。

（2）碘-碘化钾溶液　称取碘 4g，碘化钾 6g，同溶于 100ml 蒸馏水中，贮于棕色瓶内。

（3）稀释的唾液　配制方法详见实验十六。

2. 仪器　恒温水浴锅。

四、操作步骤

1. 漱口后收集唾液，用小漏斗加脱脂棉过滤，用蒸馏水稀释 5~20 倍（根据各人的酶活性而定），混匀后备用。
2. 取试管 2 支，各加稀释的唾液 2ml，一管直接加热煮沸，另一管置冰浴中预冷 5 分钟。
3. 另取 4 支试管，编号，如下操作。

步骤	试管编号			
	1	2	3	4
第一步	加1%淀粉溶液20滴	加1%淀粉溶液20滴	加1%淀粉溶液20滴	加1%淀粉溶液20滴
第二步	置于冰浴5分钟		置于37℃水浴5分钟	
第三步	加预冷的唾液10滴		加唾液10滴	加煮沸唾液10滴
第四步	摇匀置于冰浴10分钟		摇匀置于37℃水浴10分钟	
第五步	移置37℃水浴10分钟			
	加碘-碘化钾溶液1滴		加碘-碘化钾溶液1滴	
实验现象				

五、结果及计算

记录结果并分析之。

六、注意事项

加入酶液后，要充分摇匀，保证酶液与全部淀粉溶液接触反应，得到理想的颜色梯度变化。

思考题

1. 为什么淀粉的水解进行程度可以通过与碘-碘化钾溶液反应加以确定。

2. 请结合你所学的酶的相关知识，正确地分析在医学临床上，下列医学手段应用的理论基础是什么？

（1）对于实施大型手术的患者，往往在手术进行中，医生要对患者实施低温麻痹术，其作用是什么？

（2）对于"ICU"监护室中生命体征极弱患者，常常采用"冬眠疗法"进行救治，其依据是什么？

（唐小龙）

实验十九 影响酶促反应速度的
因素——抑制剂、激活剂

一、实验目的

1. 掌握激活剂和抑制剂对酶促反应速度的影响。
2. 熟悉检测激活剂和抑制剂影响酶促反应速度的方法。

二、实验原理

本实验以唾液淀粉酶为例，观察激活剂和抑制剂对酶促反应速度的影响。唾液淀粉酶可催化淀粉逐步水解，生成分子大小不同的糊精，并最后水解成麦芽糖。淀粉及糊精遇碘各呈不同的颜色反应，淀粉遇碘呈蓝色；糊精按其分子的大小，遇碘可呈蓝色、紫色、暗褐色或红色，最简单的糊精遇碘不显颜色；麦芽糖遇碘也不显色。根据水解混合物遇碘呈现的颜色，可以了解在激活剂和抑制剂作用下，淀粉被唾液淀粉酶水解的程度。

$$淀粉 \longrightarrow 糊精 \longrightarrow 麦芽糖$$
遇碘：　　蓝色　　　　　　　紫色至红色　　　　　　不显色

使酶由无活性变为有活性，或使酶活性增加的物质称为酶的激活剂，激活剂大多为金属离子，如 Mg^{2+}、K^+、Mn^{2+} 等，少数为阴离子，如 Cl^- 等，也有许多有机化合物激活剂，如胆汁酸盐等。激活剂分为必需激活剂、非必需激活剂。必需激活剂对酶促反应是不可缺少的，如 Mg^{2+} 是许多激酶的必需激活剂；非必需激活剂，如胆汁酸盐是胰脂肪酶的非必需激活剂。凡能使酶的催化活性下降而不引起酶蛋白变性的物质称为酶的抑制剂。微量的激活剂和抑制剂就会影响酶的活性，且常具有特异性，如 Cl^- 对唾液淀粉酶的活性有激活作用，Cu^{2+} 则对唾液淀粉酶有抑制作用。但激活剂和抑制剂不是绝对的，浓度的改变可能使激活剂变成抑制剂。

三、试剂和仪器

1. 试剂

（1）1%淀粉溶液　取可溶性淀粉 1g，先用少量的水调成糊状，然后缓缓倾入沸蒸馏水中，边加变搅，最后以沸蒸馏水稀释至 100ml。

（2）碘化钾–碘溶液　将碘化钾 20g 及碘 10g 溶于 100ml 水中，使用前稀释 10 倍。

（3）pH 6.8 缓冲液　取 0.2mmol/L Na_2HPO_4 772ml，0.1mol/L 枸橼酸溶液 228ml，混合即成。

（4）其他试剂　1% NaCl 溶液、1% $CuSO_4$ 溶液、1% Na_2SO_4 溶液。

2. 仪器　恒温水浴箱、试管及试管架、烧杯、胶头滴管。

四、操作步骤

1. 制备稀唾液　用蒸馏水漱口以清除口腔内的食物残渣，再含少许蒸馏水，做咀嚼动作刺激唾液分泌，2 分钟后取 1 个小漏斗，垫 1 小块薄的脱脂棉，直接将所含蒸馏水吐入小漏斗，取得滤液，加水至 6ml，混匀备用。

2. 取试管 4 支，编号，如下加入相应试剂。

试剂（滴）	试 管			
	1	2	3	4
1%淀粉溶液	15	15	15	15
pH 6.8 缓冲液	15			
H_2O	15			
1% NaCl 溶液		15		
1% $CuSO_4$ 溶液			15	
1% Na_2SO_4 溶液				15
稀释的唾液	5	5	5	5
混匀，置 37℃水浴中保温 10 分钟，取出				
碘化钾–碘溶液	1	1	1	1
观察并记录各管颜色变化现象				

五、结果及计算

根据观察到的现象，记录各管颜色的改变情况，解释原因。

六、注意事项

加入酶液后，要充分摇匀，保证酶液与全部淀粉溶液接触反应，得到理想的颜色变化。

七、思考题

1. 观察各管颜色变化，说明激活剂和抑制剂对酶促反应速度的影响。
2. 激活剂分几类？NaCl 属哪种类型？Na_2SO_4 对淀粉酶的活性有无影响？

（赵　乐）

实验二十　酶的竞争性抑制作用

一、实验目的

进一步理解与认识酶的竞争性抑制作用。

二、实验原理

与底物化学结构类似的抑制剂，能与底物竞争结合酶的活性中心，从而抑制酶的活性，这种类型的抑制为竞争性抑制。竞争性抑制的程度由抑制剂与底物的相对浓度决定。如果底物浓度不变，酶活性被抑制的程度随抑制剂的浓度增加而增强。反之，如果抑制剂浓度不变，则酶活性随底物浓度的增加而逐渐恢复。

本实验观察丙二酸对琥珀酸脱氢酶的影响。琥珀酸脱氢酶的活性，在隔绝空气的条件下，可从加入的亚甲蓝（甲烯蓝）褪色情况来观察。

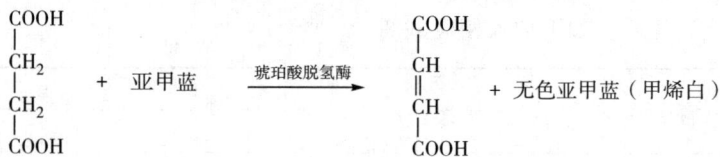

三、试剂和仪器

1. 试剂

（1）0.2mol/L 琥珀酸　称取琥珀酸 23.618g，用蒸馏水配成约 600ml，用 5mol/L NaOH 调 pH 至 7.4，再加水至 1000ml。

（2）0.02mol/L 琥珀酸　用 0.2mol/L 琥珀酸稀释 10 倍。

（3）0.2mol/L 丙二酸　称取丙二酸 22.92g，用蒸馏水配成约 600ml，5mol/L NaOH 调 pH 至 7.4，再加水至 1000ml。

（4）0.02mol/L 丙二酸　用 0.2mol/L 丙二酸稀释 10 倍。

（5）0.1mol/L 磷酸盐缓冲液（pH 7.4）　取 0.2mol/L Na_2HPO_4 19ml，加蒸馏水至 200ml。

（6）其他试剂　0.02%亚甲蓝、液体石蜡。

2. 仪器　研钵。

四、操作步骤

1. 心肌匀浆的制备　取动物（鼠、猪等）心肌1g，置研钵中，剪碎，研磨成匀浆，再加入0.1mol/L磷酸盐缓冲液10ml，磨匀，备用。

2. 取小试管5支并编号，如下操作。

试　剂	试　管　号				
	1	2	3	4	5
心肌匀浆	15	15	15	15	
0.2mol/L 琥珀酸（ml）	5	5	5		
0.02mol/L 琥珀酸（ml）				5	5
0.2mol/L 丙二酸（ml）		5		5	
0.02mol/L 丙二酸（ml）			5		
蒸馏水（ml）	5				20
亚甲蓝（ml）	2	2	2	2	2
液体石蜡（ml）	5	5	5	5	5

加入液体石蜡后，室温放置。观察各管亚甲蓝褪色情况。

五、结果及计算

记录各管亚甲蓝褪色情况，并解释结果。

六、注意事项

1. 心肌要用新鲜的。

2. 注意各种试剂加入的顺序，混匀各管已加入的试剂后马上加入液体石蜡。

3. 及时、仔细观察颜色变化。

4. 观察结果过程中，不要摇动试管，以免溶液与空气接触而使无色亚甲蓝（甲烯白）重新被氧化变蓝。

七、思考题

在此实验基础上，如何设计实验来观察"增加底物浓度，酶的竞争性抑制作用可以降低或消除"的现象？

（唐小龙）

实验二十一　碱性磷酸酶 K_m 值的测定

一、实验目的

1. 了解酶的 K_m 值测定原理和方法。

2. 掌握碱性磷酸酶（AKP）活性测定的原理和方法。

二、实验原理

在温度、pH 及酶浓度恒定的条件下，酶促反应的初速度随底物浓度［S］增大而增加，但当底物浓度增大到一定极限时，则反应速度趋于恒定，此最大反应速度 V_{max}、反应速度与底物浓度之间的关系可用米氏方程来表示，即：

$$V = \frac{V_{max}[S]}{K_m + [S]}$$

式中，K_m 为米氏常数，V_{max} 为最大反应速度，当 $V = V_{max}/2$ 时，则 $K_m = [S]$。K_m 是酶的特征常数，测定 K_m 是研究酶的一种方法。将米氏方程变形为双倒数方程，以 $1/V - 1/[S]$ 作图，将各点连线，在横轴截距为 $-1/K_m$，据此可算出 K_m 值。

$$\frac{1}{V} = \frac{K_m}{V_{max}} \frac{[S]+1}{}$$

本实验以碱性磷酸酶为例，用磷酸苯二钠为其底物，生成苯酚，苯酚在碱性溶液中与4-氨基安替比林作用，经铁氰化钾氧化生成红色醌的衍生物，根据红色的深浅可测出酶活力高低。其反应式如下：

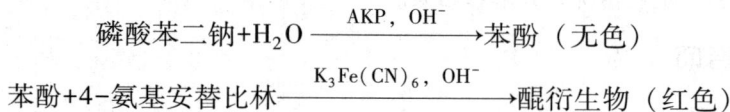

$$磷酸苯二钠 + H_2O \xrightarrow{\text{AKP, OH}^-} 苯酚（无色）$$

$$苯酚 + 4\text{-}氨基安替比林 \xrightarrow{\text{K}_3\text{Fe(CN)}_6, \text{OH}^-} 醌衍生物（红色）$$

三、试剂和仪器

1. 试剂

（1）底物液（0.04mol/L 磷酸苯二钠）　称取磷酸苯二钠 10.16g，用蒸馏水溶解并稀释至 1000ml，迅速煮沸并迅速冷却后加三氯甲烷 4ml 防腐，置于冰箱内备用，1 周内使用。

（2）缓冲液（0.1mol/L 碳酸盐缓冲液，pH 10.0）　称取无水 Na_2CO_3 44.52g 和 $NaHCO_3$ 23.52g，用蒸馏水溶解并稀释至 7000ml。

（3）酶液　取 3mg 血清原液加入 1200ml pH10.0、0.1mol/L 碳酸缓冲液，混匀，现用现配。

（4）碱性溶液　称取 NaOH 56g，用蒸馏水溶解稀释至 7000ml，混匀备用。

（5）0.3% 4-氨基安替比林　称取 4-氨基安替比林 21g，用蒸馏水溶解稀释至 7000ml，棕色瓶 4℃保存。

（6）0.5%铁氰化钾　称取铁氰化钾 50g，用蒸馏水溶解；称取硼酸 150g，溶于 6000ml 蒸馏水中，将两种溶液合并后加水定容至 10000ml，棕色瓶 4℃保存。

2. 仪器　水浴箱、721 分光光度计。

四、操作步骤

1. 取 8 支试管，如下依次加入试剂。

试 剂	试 管 号							
	1	2	3	4	5	6	7	8
底物液（0.04mol/L 磷酸苯二钠）	0.05	0.15	0.25	0.30	0.40	0.60	0.80	0.00
pH10.0、0.1mol/L 碳酸盐缓冲液	0.90	0.90	0.90	0.90	0.90	0.90	0.90	0.90
蒸馏水	0.95	0.85	0.75	0.70	0.60	0.40	0.20	1.00
混匀后，37℃水浴，预温 5 分钟左右								
酶液	0.1	0.1	0.1	0.1	0.1	0.1	0.1	0.1

2. 立即混匀（保持 37℃水浴），反应开始。从加入酶液起计时至下一步加入碱性溶液停止反应，各管反应时间应准确一致，为 15 分钟。

试 剂	试 管 号							
	1	2	3	4	5	6	7	8
碱性溶液	1.0	1.0	1.0	1.0	1.0	1.0	1.0	1.0
0.3% 4-氨基安替比林	1.0	1.0	1.0	1.0	1.0	1.0	1.0	1.0
0.5% 铁氰化钾	2.0	2.0	2.0	2.0	2.0	2.0	2.0	2.0
底物浓度（mmol/L）	1	3	5	6	8	12	16	0
$1/[S]$（L/mmol）	1	0.333	0.200	0.167	0.125	0.083	0.063	

3. 混匀，室温放置 10 分钟左右，以 8 号管为空白，510nm 波长下比色，记录各管的吸光度。

五、结果及计算

1. 记录各管的吸光度值（A）。
2. 以底物浓度的倒数 $1/[S]$ 为横坐标，各管吸光度值的倒数 $1/A$（代表各管的反应速度的倒数）为纵坐标作图，观察曲线形状。

六、注意事项

1. 加入酶液的量必须准确，且操作时吸管垂直于液面，将酶液滴入反应液中。
2. 酶促反应时间计时必须准确。

七、思考题

1. K_m 值有哪些影响因素？
2. 哪些因素可能造成实验结果不准确？

（任 历）

实验二十二　乳酸脱氢酶及其辅酶Ⅰ的作用

一、实验目的

1. 学会制作组织匀浆。
2. 加深理解结合酶的作用特点。

二、实验原理

本实验以乳酸为底物，用新鲜的动物肝或肌肉的粗制提取液，分别制成酶蛋白部分（用白陶土吸附除去辅酶Ⅰ）和辅酶部分（加热破坏酶蛋白），观察两者单独作用及共同作用。实验中为了便于观察，用亚甲蓝（美蓝）作为受氢体。已知亚甲蓝能从还原型黄素酶接受氢而由蓝色变成无色。所以，本实验中可根据溶液蓝色的消褪情况判断乳酸脱氢反应的发生。

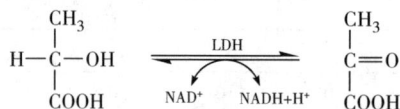

$$
\begin{array}{ccc}
\text{CH}_3 & & \text{CH}_3 \\
| & \xrightarrow{\quad\text{LDH}\quad} & | \\
\text{H—C—OH} & & \text{C}=\text{O} \\
| & \text{NAD}^+ \quad \text{NADH+H}^+ & | \\
\text{COOH} & & \text{COOH}
\end{array}
$$

三、试剂和仪器

1. 试剂

（1）磷酸缓冲液（0.1mol/L，pH 7.4）　NaCl 137mmol/L，KCl 2.7mmol/L，Na_2HPO_4 4.3mmol/L，KH_2PO_4 1.4mmol/L，7.9g NaCl，0.2g KCl，0.24g KH_2PO_4（或 1.44g Na_2HPO_4）和 1.8g K_2HPO_4，溶于 800ml 蒸馏水中，用 HCl 调节溶液的 pH 值至 7.4，最后加蒸馏水定容至 1L。保存于 4℃ 冰箱中即可。

（2）5%乳酸钠提取液　50g 乳酸钠用蒸馏水溶解稀释至 1000ml，混匀备用。

（3）其他试剂　5% KCN 液、0.04%亚甲蓝液、液体石蜡。

2. 仪器　水浴箱。

四、操作步骤

1. 分别制备酶蛋白提取液及辅酶Ⅰ提取液

（1）除去辅酶Ⅰ的酶蛋白提取液　取新鲜动物肝（或肌肉）组织 3g，剪碎放研钵中加玻璃砂约 0.5g，白陶土 0.5g，加 pH 7.4、0.1mol/L 磷酸缓冲液 8ml，研细成粥状。移入离心管中，以 2000 转/分钟离心 5 分钟，倾上清液于另一试管中备用。

（2）辅酶Ⅰ提取液　取蒸馏水 10ml 于中试管中，加热煮沸。取新鲜的肝（或肌肉）组织 3g，剪碎，放入沸水中，继续煮沸 10 分钟，为防止水分过多蒸发可加盖。稍冷后倾入乳钵中研细，移入离心管中离心 10 分钟，取上清液备用。

2. 取试管 4 支，标清管号，如下加样。

试　剂	试管号			
	1	2	3	4
5%乳酸钠提取液（ml）	0.5	0.5	0.5	
除去辅酶Ⅰ的酶蛋白提取液（ml）	0.5		0.5	0.5
辅酶Ⅰ提取液（ml）		0.5	0.5	0.5
蒸馏水（ml）	0.5	0.5		0.5
0.5% KCN液（滴）	10	10	10	10
0.04%亚甲蓝（滴）	10	10	10	10

3. 充分混匀，向各管徐徐加入液体石蜡 5 滴（避免与空气接触），静置试管架上或放 37℃水浴 15~30 分钟。

五、结果及计算

随时观察并记录各管褪色情况，分析结果。

六、注意事项

1. 乳酸脱氢生成的丙酮酸与 KCN 结合，不发生其逆反应。

2. 本实验中生成的无色的亚甲蓝（甲烯白）易被空气氧化成为蓝色的亚甲蓝，所以在加入液体石蜡后观察褪色时不宜振荡。

七、思考题

1. 各个反应管中呈现出何种颜色变化？为什么？

2. 观察褪色的管，振荡片刻会出现什么变化？再放置一段时间有什么变化？解释这些现象。

（任　历）

实验二十三　血清谷丙转氨酶活性的测定

一、实验目的

1. 了解谷丙转氨酶的作用机制及临床意义。

2. 掌握谷丙转氨酶活性的测定方法。

二、实验原理

血清谷丙转氨酶（GPT）作用于丙氨酸及 α-酮戊二酸组成的基质液，产生丙酮酸及谷氨酸。丙酮酸与显色剂 2,4-二硝基苯肼作用生成丙酮酸二硝基苯肼，在酸性溶液中显黄色，在碱性溶液中成醌型显棕红色。基质液保温后加入血清，反应体系中产生的丙酮酸多少，即反映出酶活性的大小。

三、试剂和仪器

1. 试剂

（1）pH 7.4 磷酸盐缓冲液　KH_2PO_4 2.18g，Na_2HPO_4 11.92g 或 $Na_2HPO_4 \cdot 2H_2O$ 14.95g 或 $Na_2HPO_4 \cdot 12H_2O$ 30g 加水溶成 1000ml。

（2）谷丙转氨酶（GPT）基质液（pH 7.4）　精确称取 DL-丙氨酸 1.78g，α-酮戊二酸 29.2mg，放烧杯内，加 pH 7.4 的磷酸盐缓冲液约 30ml，再加 1mol/L NaOH 液 0.5ml，溶解混匀，校正 pH 至 7.4，将其全部移入 100ml 容量瓶中，再加磷酸盐缓冲液至刻度，混匀，加三氯甲烷数滴防腐，置冰箱中存放。

（3）显色剂（2,4-二硝基苯肼液）　取 2,4-二硝基苯肼 20mg，溶于 17ml 的浓盐酸中，加水至 100ml，置棕色瓶中放冰箱内。

（4）标准丙酮酸贮备液（含丙酮酸 2mg/ml）　精确称取已干燥到恒重的丙酮酸钠 250mg（或丙酮酸 200mg），于 200ml 容量瓶中，用磷酸盐缓冲液溶解并稀释至刻度，混匀。

（5）标准丙酮酸应用液（含丙酮酸 50μg/ml）　取贮备液 2.5ml，用磷酸盐缓冲液准确稀释至 100ml。

（6）0.4mol/L 的 NaOH 液　称取 16g NaOH 加水溶成 1000ml。

2. 仪器　分光光度计、恒温水浴箱。

四、操作步骤

1. 标准曲线制作

（1）取试管 6 支标号，进行如下操作。

试　剂	试　管　号					
	0	1	2	3	4	5
0.1mol/L 磷酸缓冲液（ml）	0.10	0.10	0.10	0.10	0.10	0.10
GPT 底物液（ml）	0.50	0.45	0.40	0.35	0.30	0.25
标准丙酮酸应用液（ml）	0.00	0.05	0.10	0.15	0.20	0.25
相当于丙酮酸实际含量（μmol）	0	0.1	0.2	0.3	0.4	0.5

（2）混匀后，置 37℃ 水浴预温 5 分钟，再分别加入显色剂（2,4-二硝基苯肼液）0.5ml，混匀，保温 20 分钟，各加入 0.4mol/L NaOH 5ml，混匀继续保温 10 分钟，取出，冷至室温。

（3）以 0 号管为对照，在 520nm 波长下用分光光度计测定各管的吸光度值（A_{520}）。

（4）以丙酮酸的实际含量（μmol）为横坐标，各管的吸光度值（A_{520}）为纵坐标，在坐标纸上绘出标准曲线。

2. 血清 GPT 活力的测定

（1）取试管两支，标明测定管和空白管，各加入 GPT 基质液 0.5ml，37℃ 水浴保温 5 分钟。

（2）向测定管中加入血清 0.1ml，混匀后立即计时，继续在 37℃ 水浴中保温 30 分钟。

（3）保温 30 分钟后，向测定管和空白管各加入显色剂（2,4-二硝基苯肼液）0.5ml，混匀，向空白管补加 0.1ml 的血清。

（4）2 支试管各加入 0.4mol/L NaOH 5ml，混匀，保温 10 分钟后，取出，放置至室温。

（5）以空白管为对照，读取 520nm 波长下测定的吸光度值（A_{520}）。

（6）在标准曲线上查出丙酮酸的微摩尔数，并换算出丙酮酸的微克数。

（7）血清 GPT 活力计算：本方法规定在 37℃，pH 为 7.4 时，血清中的 GPT 与 GPT 底物液作用 30 分钟每生成 $2.5\mu g$ 丙酮酸的酶量为 1 个酶活力单位（U）。据此计算每 1ml 血清中 GPT 的活力单位数。

五、结果及计算

计算并记录结果。

六、注意事项

1. 应用新的不溶血的血清测定。

2. 超过 200U 者要用 0.9% 氯化钠溶液将血清稀释 10 倍后重做。

3. 操作中加 0.4mol/L NaOH 液时，需以较慢速度加入，并且边加边摇匀，约 20 秒加完为宜。加快时，则 α-戊酮二酸引起的发色增强。

4. 本实验中各试剂加量需要准确，并且要注意控制条件保持一致，保温时间要严格，其后形成苯腙过程，发色过程的温度及时间都要一致。

5. 本法测定 GPT 正常值为 40U 以下。

七、思考题

1. 描述标准曲线绘制的要素。

2. 什么叫物质的特征吸收波长？

3. 用分光光度法制作实测物质标准曲线时，如何确定被测物质的特征吸收波长？

（唐小龙）

第四章 核酸的分离及鉴定

实验二十四 离心提取动物组织中的 DNA 和 RNA

一、实验目的

1. 掌握从动物组织中提取核酸的原理。
2. 熟悉从动物组织中提取核酸的方法。

二、实验原理

动物组织细胞中的脱氧核糖核酸（DNA）与核糖核酸（RNA）大部分与蛋白质结合，以脱氧核糖核蛋白（DNP）和核糖核蛋白（RNP）的形式存在。根据 DNP 和 RNP 在一定浓度的氯化钠溶液中的溶解度不同，可将两者进行分离。例如在 0.14mol/L 氯化钠溶液中 RNP 溶解度相当大，而 DNP 溶解度极小，仅为在水中溶解度的 1%；在 1mol/L 氯化钠溶液中，DNP 的溶解度比在水中的溶解度大两倍。因此，常用 0.14mol/L 氯化钠溶液提取 RNP，而用 1mol/L 氯化钠溶液提取 DNP。然后用蛋白质变性沉淀剂去除蛋白质，使核酸释放出来。再利用核酸不溶于乙醇的性质将核酸从溶液中析出，达到分离提纯的目的。

三、试剂和仪器

1. 试剂 新鲜肝组织、0.14mol/L NaCl-0.01mol/L EDTA（或 0.1mol/L NaCl-0.05 mol/L枸橼酸钠溶液，pH 6.8）、1mol/L 氯化钠溶液（pH 6.8）、三氯甲烷-异丙醇混合液（V/V，20∶1）、95% 乙醇。

2. 仪器 研钵或组织匀浆器、离心机、剪刀。

四、操作步骤

1. 制备肝匀浆 称取兔的新鲜肝 1g，用冰冷的 0.14mol/L 氯化钠溶液（内含 EDTA）洗去表面的血液，置于匀浆器或研钵中剪碎，加入 1ml 的 0.14mol/L 氯化钠溶液和少许细砂，充分研磨，制备成肝匀浆。

2. 分离提取 将上述肝匀浆全部倾入一支 10ml 刻度离心管中，再用 0.14mol/L 氯化钠溶液分两次将匀浆器或研钵中肝匀浆洗入离心管中，使离心管内总量不超过 5ml。用玻璃棒充分搅匀，放置 10 分钟，3500 转/分钟离心 5 分钟。此时溶液分为两层：上层是 RNP 提取液，下层是细胞碎片及 DNP。

用滴管吸取上清液于另一离心管中，用于进一步提取 RNA。在下层沉淀中加入 2 倍体积的 1mol/L NaCl，充分搅匀，3500 转/分钟离心 5 分钟。用滴管吸取上清液于另一离心管中，用于进一步提取 DNA。

以下分离提取 DNA 和 RNA 的过程基本相同。

在上清液中，加等体积的三氯甲烷-异丙醇混合液，振摇 10 分钟，3500 转/分钟离心 5 分钟。此时溶液分为三层，用滴管吸取上清液于另一离心管中（弃下两层）。

分别在上清液中加入 1.5~2 倍体积预冷的 95% 乙醇。在分离提取 DNA 时，要边加边用玻璃棒搅拌，此时纤维状的 DNA 缠绕在玻璃棒上。当分离提取 RNA 时，轻轻搅拌，出现乳白色絮状沉淀。

分别以 3500 转/分钟离心 5 分钟，弃去上层乙醇液。沉淀即为 DNA 或 RNA 制品。

五、注意事项

1. 制备肝匀浆时要充分研磨，以彻底破碎细胞。
2. 注意 NaCl 的浓度，因为 DNP 和 RNP 在不同浓度的 NaCl 中溶解度不同。
3. 动物组织细胞中含有核酸酶，在一定温度下可被 Mg^{2+}、Fe^{2+}、Ca^{2+} 等激活。本实验为避免该酶对核酸的水解，可在核酸提取液中加入适量螯合剂（如 EDTA、枸橼酸等）除去这些离子，降低核酸酶的活性。

六、思考题

1. 本实验中蛋白质变性沉淀的方法是什么？
2. 本实验中 EDTA 的作用是什么？

（粟学清）

实验二十五　核酸的定性分析

一、实验目的

1. 掌握测定核酸的组成及定性分析核酸的原理。
2. 熟悉测定核酸的组成及定性分析核酸的方法。

二、实验原理

RNA 和 DNA 均可被硫酸水解生成含氮碱基（嘌呤与嘧啶）、戊糖（RNA 中的核糖与 DNA 中的脱氧核糖）和磷酸。水解产物可用下列方法鉴定。

1. 嘌呤碱基的鉴定　嘌呤碱基在弱碱性环境中能与硝酸银作用形成嘌呤银化合物。初为乳白色，稍放久为浅灰褐色絮状物。

2. 核糖的鉴定　核糖经浓酸作用，脱水生成糠醛，后者能与 3,5-二羟甲苯缩合形成鲜绿色化合物。该反应需三氯化铁作为催化剂。反应式如下：

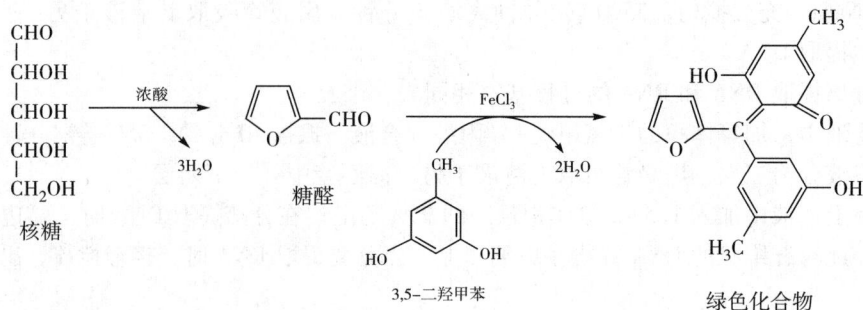

3. 脱氧核糖的鉴定　脱氧核糖在浓酸中脱水生成 ω-羟基-γ-酮基戊醛，后者与二苯胺作用生成蓝色化合物。反应式如下：

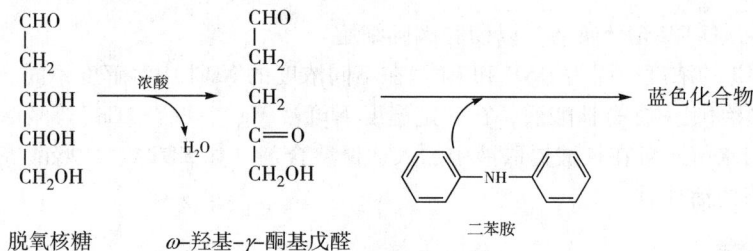

4. 磷酸的鉴定　定磷试剂中的钼酸铵在酸性环境中以钼酸形式与样品中的磷酸反应生成磷钼酸。后者在还原剂氨基萘酚磺酸作用下生成蓝色的钼蓝。反应式如下：

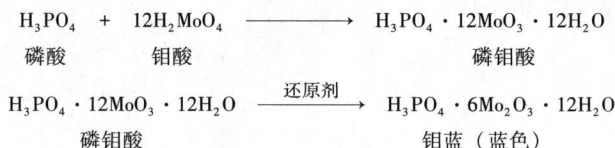

$$H_3PO_4 + 12H_2MoO_4 \longrightarrow H_3PO_4 \cdot 12MoO_3 \cdot 12H_2O$$

磷酸　　　　钼酸　　　　　　　　　　磷钼酸

$$H_3PO_4 \cdot 12MoO_3 \cdot 12H_2O \xrightarrow{\text{还原剂}} H_3PO_4 \cdot 6Mo_2O_3 \cdot 12H_2O$$

磷钼酸　　　　　　　　　　钼蓝（蓝色）

三、试剂和仪器

1. 试剂

（1）3,5-二羟甲苯试剂　称取 $FeCl_3 \cdot 6H_2O$ 0.1g，溶于6ml水中，加浓盐酸100ml，混匀，此为A液。称取3,5-羟甲苯6g加无水乙醇至100ml，此为B液。临用时将A液100ml与B液3.5ml混合即可。

（2）二苯胺试剂　称取二苯胺1.0g溶于100ml冰醋酸中，加浓硫酸2.75ml。此二苯胺试剂遇光易变绿色，故临用前配制，贮于棕色瓶中，置冰箱保存。

（3）钼酸试剂　称取钼酸铵2.5g溶于20ml蒸馏水中，加浓硫酸8.5ml，冷却后再加蒸馏水至100ml，放冷处可保存4周左右。

（4）氨基萘酚磺酸溶液　量取15%亚硫酸氢钠溶液195ml与20%亚硫酸钠溶液5ml混合，加氨基萘酚磺酸0.5g，在热水浴中搅拌使固体溶解（如不全溶，可滴加20%亚硫酸钠数滴，至多不超过1ml即可）。此溶液置冷处可保存2~3周，如颜色变黄需重新配制，临用前将上述溶液以蒸馏水稀释10倍应用。

（5）核酸样品　称取粗制核酸样品10mg，或者将实验二十四从动物组织中提取出的核酸作为本次实验的样品。

（6）其他试剂　5%硫酸、5%硝酸银溶液、浓氨水（25%）。

2. 仪器 试管、试管架、pH 试纸、滴管、带有长玻璃管的胶塞、沸水浴、玻璃棒。

四、操作步骤

1. 核酸的水解 向加入 10mg 核酸样品的试管（或向有核酸沉淀的离心管）中加入 5% 硫酸溶液 4ml，用玻璃棒搅匀，再用带长玻璃管的塞子塞紧管口，于沸水浴中加热 15 分钟，即得核酸的水解液。

2. 核酸的鉴定

（1）嘌呤碱的鉴定 取 2 支试管并编号，如下操作。

试 管	试 剂				
	核酸水解液	5% H_2SO_4	浓氨水	5%硝酸银	颜色
测定管	20 滴		3 滴	10 滴	
对照管		20 滴	3 滴	10 滴	
混匀，室温静置 15 分钟，观察并比较嘌呤银沉淀的生成并记录					

（2）核糖的鉴定 取 2 支试管并编号，如下操作。

试 管	试 剂			
	核酸水解液	5% H_2SO_4	3,5-二羟甲苯试剂	颜色
测定管	4 滴		6 滴	
对照管		4 滴	6 滴	
混匀，将两管同时放入沸水浴加热 15 分钟，观察颜色变化并记录（煮 3~5 分钟，即可先观察）				

（3）脱氧核糖的鉴定 取 2 支试管并编号，如下操作。

试 管	试 剂			
	核酸水解液	5% H_2SO_4	二苯胺试剂	颜色
测定管	20 滴		30 滴	
对照管		20 滴	30 滴	
混匀，将两管同时放入沸水浴中加热 10 分钟，观察颜色变化并记录				

（4）磷酸的鉴定 取 2 支试管并编号，如下操作。

试 管	试 剂				
	核酸水解液	5% H_2SO_4	钼酸试剂	氨基萘酚磺酸溶液	颜色
测定管	10 滴		40 滴	20 滴	
对照管		10 滴	40 滴	20 滴	
混匀，于室温放置 10 分钟后，观察颜色变化并记录					

五、结果

观察各试管颜色的变化并记录。

六、注意事项

1. 为了安全，核酸水解时，避免将长玻璃管的管口对准人。
2. 嘌呤碱的鉴定中加氨水（2~3 滴）以中和酸，呈碱性即可，可用 pH 试纸测试。氨水不能加得过多，否则可生成银氨络离子 $[Ag(NH_3)_4]^+$，使银离子减少，嘌呤银沉淀减少。
3. 仔细观察不同反应的颜色变化。

七、思考题

1. DNA 和 RNA 在组成上有什么区别？如何鉴别？
2. 为什么嘌呤碱的鉴定中氨水不能加得过多？

（栗学清）

实验二十六　琼脂糖凝胶电泳法分离 DNA

一、实验目的

1. 掌握琼脂糖凝胶电泳技术。
2. 了解琼脂糖凝胶电泳技术的应用。

二、实验原理

琼脂糖凝胶电泳法是用琼脂糖作支持介质的一种电泳方法。琼脂糖凝胶具有网格结构，物质分子通过时会受到阻力，大分子物质在泳动时受到的阻力较大，因此在凝胶电泳中，带电颗粒的分离不仅取决于净电荷的性质和数量，而且还取决于分子大小。琼脂糖凝胶浓度与线状 DNA 片段分离的有效范围关系见表 4-1。琼脂糖凝胶电泳现已广泛应用于核酸的研究中，是分离、纯化、鉴定 DNA 片段的常用方法，具有简便、快速的优点。

DNA 分子在高于其等电点的溶液中带负电荷，在电场中向正极移动。除电荷效应外，凝胶介质还有分子筛效应，与分子大小及构象有关。对于线性 DNA 分子，其电场中的迁移率与其分子量的对数值成反比。在凝胶中加入少量溴乙锭，其分子可插入 DNA 的碱基之间，因此，可在紫外灯下直接观察到 DNA 片段在凝胶上的位置，并可在紫外灯下或经凝胶成像系统观察或拍照。

表 4-1　线状 DNA 片段分离的有效范围与琼脂糖凝胶浓度关系

凝胶的百分浓度（%）	线状 DNA 分子的有效范围（kb）
0.3	60 ~ 5
0.6	20 ~ 1
0.7	10 ~ 0.8
0.9	7 ~ 0.5
1.2	6 ~ 0.4
1.5	4 ~ 0.2
2.0	3 ~ 0.1

三、试剂和仪器

1. 试剂

（1）电泳缓冲液（1×TAE） 0.04mol/L Tris－醋酸，0.001mol/L EDTA；称取 242g Tris，37.2g Na$_2$EDTA·2H$_2$O 蒸馏水溶解，57.1ml 冰醋酸，充分搅拌后定容至 1000ml。

（2）电泳样品上样缓冲液 将 0.25% 溴酚蓝，0.25% 二甲苯腈，40%（*W/V*）用蔗糖水溶液 4℃保存。

（3）其他试剂 5mg/ml 溴乙锭（EB）、1% 琼脂糖。

2. 仪器 水平电泳槽、电泳仪、紫外灯或凝胶成像仪。

四、操作步骤

1. 称 0.2g 琼脂糖，加 20ml 电泳缓冲液（1×TAE）加热融化。

2. 胶液冷至 60℃时，加 EB 3μl，小心混匀，缓慢倒入制胶模具中，在胶一端插上梳子。

3. 待胶凝固后，拔出梳子，将模具置于电泳槽中，加入 1×TAE. 让液面高于胶面 1mm。

4. 在 DNA 样品中加入 1∶5 的上样缓冲液，上样。

5. 接通电源，1~5V/cm 电压，开始电泳。

6. 据指示剂迁移位置，判断是否终止电泳。切断电源后，取出凝胶，紫外灯下或经凝胶成像系统观察或拍照。

五、结果

在紫外灯下对实验结果进行拍照，或经凝胶成像系统观察结果。

六、注意事项

溴乙锭是一种强烈的诱变剂并有中度毒性。使用含有该染料的溶液时必须戴手套。使用完后进行纯化处理。

七、思考题

进行凝胶电泳时，物质泳动的速率与哪些因素有关？

（任　历）

第五章　生物化学相关指标的检测

实验二十七　血清葡萄糖的测定
——葡萄糖氧化酶偶联法

一、实验目的

1. 掌握葡萄糖氧化酶偶联法测定血糖的原理和方法。
2. 了解血糖测定的临床意义。

二、实验原理

葡萄糖氧化酶催化葡萄糖氧化成葡糖酸，并产生过氧化氢，过氧化氢被偶联的过氧化物酶催化释放出初生态的氧，后者将 4-氨基安替比林偶联酚的酚氧化，并与 4-氨基安替比林结合生成红色醌类化合物。

三、试剂和仪器

1. 试剂

（1）0.1mol/L 磷酸盐缓冲液（pH 7.0）　溶解无水磷酸氢二钠 8.67g 及无水磷酸二氢钾 5.3g 于 800ml 蒸馏水中，用 1mol/L 氢氧化钠或盐酸调 pH 至 7.0，然后用蒸馏水稀释至 1L。

（2）酶试剂　取葡萄糖氧化酶（GOD）1200IU，葡萄糖氧化酶（POD）1200IU，4-氨基安替比林 10mg，叠氮化钠 100mg，加上述磷酸盐缓冲液至 80ml 左右，调 pH 至 7.0，然后加 0.1mol/L 磷酸盐缓冲液（pH7.0）至 100ml，置冰箱保存，至少可稳定 3 个月。

（3）苯酚试剂　苯酚 100mg 溶于 100ml 蒸馏水中（苯酚在空气中易氧化成红色，可先配成 500g/L 的溶液，储存于棕色瓶中，用时稀释）。

（4）酶-苯酚混合试剂　酶试剂和苯酚试剂等量混合，冰箱中可保存 1 个月。

（5）12mmol/L 苯甲酸溶液　称取苯甲酸 1.4g，加入蒸馏水 900ml，加热助溶，冷却后加蒸馏水至 1000ml。

（6）葡萄糖标准贮存液（100mmol/L）　准确称取无水葡萄糖（预先置 80℃烤箱中干燥至恒重，移置干燥器中保存）1.802g，用 12mmol/L 苯甲酸溶液溶解，移至 100ml 容量瓶中，再以 12mmol/L 苯甲酸溶液稀释至刻度，摇匀，移入棕色瓶中，冰箱内保存。

（7）葡萄糖标准应用液（5mmol/L）　准确吸取葡萄糖标准贮存液 5.0ml，置于 100ml 容量瓶中，再以 12mmol/L 苯甲酸溶液稀释至刻度。

2. 仪器　分光光度计。

四、操作步骤

取 3 只试管，如下操作。

加入物（ml）	测定管	标准管	空白管
血清	0.02		
葡萄糖标准应用液		0.02	
蒸馏水			0.02
酶-苯酚混合试剂	3.00	3.00	3.00

混匀，37℃水浴中保温 15 分钟，用分光光度计波长 505nm，空白管调零，分别读取标准管及测定管吸光度值。

五、结果及计算

$$血清葡萄糖(mmol/L) = \frac{测定管吸光度值}{标准管吸光度值} \times 5$$

六、注意事项

1. D-葡萄糖有 α 型和 β 型之分，两者在溶液中可互变，达到平衡时，α 型约占 36%，β 型约占 64%。新配制的葡萄糖标准液需放置 2 小时以上（最好过夜），待变旋平衡后方可应用。GOD 对 β-D-葡萄糖有高度特异性，所以在 GOD 试剂盒中多数含有葡萄糖变旋酶，可加速这一反应，但在终点法中，延长孵育时间可达到完成自发变旋。

2. GOD-POD 法的初始反应（第一步反应）特异性高，而指示反应（第二步反应）的特异性较差，干扰往往发生在指示反应。溶血标本、黄疸标本及高脂血症标本均不影响测定结果，但血液中的一些还原物质，如维生素 C、谷胱甘肽及左旋多巴可与还原性氧受体竞争 H_2O_2，使结果出现偏差。

3. GOD-POD 法测定血糖的线性范围至少可达 20mmol/L，回收率 94%~105%。

七、思考题

1. 血清中葡萄糖浓度测定的方法有很多，在实验设计上，这些方法分别利用了葡萄糖的哪些性质？

2. 如何排除血清内其他物质的干扰，使所测血清葡萄糖浓度更准确？

3. 葡萄糖氧化酶法测血糖的原理是什么？本实验为何需要用到两种酶？与其他方法相比，本实验有哪些优缺点？

（唐小龙）

实验二十八　胰岛素、肾上腺素对家兔血糖含量的影响

一、实验目的

1. 掌握胰岛素、肾上腺素对家兔血糖含量影响的原理与检测方法。

2. 了解胰岛素、肾上腺素调节血糖的作用机制。

二、实验原理

激素是调节人和动物体内血糖浓度的重要因素。胰岛素能降低血糖，肾上腺素等激素能升高血糖。本实验在两只家兔身上分别注射胰岛素或肾上腺素，取注射前和注射后家兔的静脉血，测定血糖含量，观察注射前后血糖浓度的变化，从而了解胰岛素和肾上腺素对血糖浓度的影响。

三、试剂和仪器

1. 试剂 消毒酒精棉球、血糖测定试纸、二甲苯、凡士林、胰岛素注射液（0.75U/ml）、肾上腺素注射液（0.4mg/ml）、25% 葡萄糖注射液。

2. 仪器 血糖测定仪、血糖测定仪采血针头、剪刀、刀片（或粗针头）、微量移液器、注射器、台式磅秤、家兔固定箱、抗凝管。

3. 动物 预先饥饿 16 小时的家兔 2 只。

四、操作步骤

1. 注射前取血 取家兔 2 只，分别称重并记录体重（kg）。剪去家兔耳缘静脉处的兔毛，用二甲苯擦拭家兔耳缘静脉，使其充血；预先在取血部位周围抹上少许凡士林，以防止溶血；用血糖测定仪采血针头（或粗针头、刀片）刺破静脉，采集血液标本入抗凝管中（收集血液 0.5~1ml），同时摇动抗凝管，以防止血液凝固。取血后压迫止血。

2. 注射激素 分别向家兔皮下注射胰岛素或肾上腺素，胰岛素剂量为 0.75U/kg 体重，肾上腺素剂量为 0.4mg/kg 体重，记录注射时间。

3. 注射后取血 注射肾上腺素者 30 分钟后取血，注射胰岛素者 1 小时后取血（如家兔发生低血糖休克可提前取血）。取血方法同前。

4. 血糖浓度测定 血样采集后，用血糖测定仪测定注射前、后所取血样的血糖浓度。

五、结果及计算

1. 记录测得的注射前、后血糖浓度（mmol/L）。
2. 分别计算出注射胰岛素（肾上腺素）后血糖降低（升高）的百分率。

$$血糖降低（升高）的百分率 = \frac{注射后血糖浓度 - 注射前血糖浓度}{注射前血糖浓度} \times 100\%$$

六、注意事项

1. 在采集动物血液、给药过程中，应尽量使动物处于平静状态。
2. 每一只家兔只能做一种激素注射实验。

七、思考题

根据实验结果，简述胰岛素、肾上腺素对家兔血糖含量的影响。

（熊 伟）

实验二十九　肝糖原的提取与定性

一、实验目的

1. 了解肝糖原的存在意义。
2. 掌握提取与定性方法。

二、实验原理

肝和肌肉组织中糖原的含量最高，因此适于做糖原的提取和鉴定。

用三氯醋酸破坏肝组织的酶且沉淀蛋白质而保留糖原。糖原不溶于乙醇而溶于热水，故先用95%乙醇将滤液中的糖原沉淀，再溶于热水。

糖原溶液呈乳样光泽，遇碘呈红棕色，本身无还原性，在酸性溶液中加热可水解为具有还原性的葡萄糖，后者可将碱性铜溶液（班氏试剂）中二价铜还原为氧化亚铜。利用上述性质，可判定组织中糖原的存在。

三、试剂和仪器

1. 试剂

（1）碘液　I_2 100mg，KI 200mg 溶于30ml蒸馏水中。

（2）班氏试剂　称取枸橼酸钠（柠檬酸钠）173g 及无水 Na_2CO_3 放入1000ml烧杯内，加水约700ml，加热溶解并以玻棒不断搅匀，溶解后待冷至室温。另用200ml锥形瓶，称取 $CuSO_4 \cdot 5H_2O$ 17.3g，加蒸馏水约100ml，加热溶解。将 $CuSO_4$ 液缓缓倒入前液，倾入1000ml容量瓶内，不断搅匀，补足水量至1000ml。如试剂浑浊，可用脱脂棉过滤入瓶备用。

（3）其他试剂　5%三氯醋酸、95%乙醇、0.9%NaCl、浓HCl、20%NaOH。

2. 仪器　天平、研钵、离心机、离心管、恒温水浴箱、试纸、滤纸。

四、操作步骤

1. 肝糖原的提取

（1）肝匀浆的制备　迅速处死小白鼠，立即取出肝，用滤纸吸取附着的血液。称取约1g肝置研钵中，加入少许石英砂及10%的三氯醋酸溶液1ml，研磨至呈乳状后再加入5%的三氯醋酸2ml，继续研磨，直至肝组织已充分磨成均匀糜浆。

（2）提取糖原　将制备好的肝匀浆以3000转/分钟的转速离心10分钟。取上清液于另一离心管并量取体积，加入等体积的95%乙醇溶液，混匀后静置10分钟，使糖原呈絮状析出。将沉淀溶液以3000转/分钟的转速离心10分钟，弃去上清液，将离心管倒置于滤纸上1~2分钟，向沉淀中加入蒸馏水1ml，用细玻璃棒搅拌至溶解，即成糖原溶液。

2. 肝糖原的鉴定

（1）与碘的呈色反应　取小试管2支，一支加入糖原溶液10滴，另一支加入蒸馏水10滴，然后两管各加入碘液2滴，混匀。观察两试管中溶液的颜色变化，并解释现象。

（2）糖原水解液中葡萄糖的鉴定　在剩余的糖原溶液中加入浓盐酸3滴，放入沸水浴中加热10分钟，取出冷却，用20%的NaOH溶液中和至中性（用pH试纸检测）。然后加入班氏试剂 2ml，再置沸水浴中加热 5 分钟，取出冷却。观察管中沉淀的生成，并解释现象。

五、结果

记录实验结果并分析之。

六、注意事项

1. 实验用小白鼠在实验前必须饱食，因为空腹时肝糖原易分解而使其含量减少。

2. 肝离体后，肝糖原会迅速分解，所以在杀死动物后，所得肝必须迅速用三氯醋酸溶液处理。

3. 取肝组织时，吸去其附着血液，因血液可能含还原性葡萄糖，会影响后面糖原的鉴定。

4. 研磨应充分，使细胞破裂，肝糖原释放出来。研磨不充分会得不到糖原或含量很少，影响后面的鉴定。

5. 研磨后匀浆转入离心管离心可用滴管转移，如果采用倒入，不能洒落管外，应尽量转移干净。

6. 离心时与另一组的离心管平衡，对称放入离心机。

七、思考题

1. 为什么肝糖原只能从刚宰杀的动物肝中获取？

2. 在提取肝糖原过程中，三氯醋酸、95%乙醇各起什么作用？

3. 糖原水解产物中如果存在提取中残留蛋白质时，在用班氏试剂检测水解产物，有什么影响？

4. 离心机使用时为什么要平衡？普通离心机与高速离心机在平衡时有什么不同要求？

（唐小龙）

实验三十　饱食和饥饿大白鼠肝糖原含量的比较

一、实验目的

1. 学习肝糖原水解与测定的方法。

2. 比较饱食和饥饿大白鼠肝糖原的含量。

二、实验原理

糖原不溶于乙醇，但可溶于热水。先用三氯醋酸破坏肝组织的酶和蛋白质，使其沉淀而保留糖原，再用乙醇溶液将糖原从滤液或上清液中沉淀出来，溶于热水中，即为糖原溶液。

糖原溶液遇碘呈红棕色，经酸水解可生成葡萄糖。葡萄糖具有还原性，可将班氏试剂（碱性铜溶液）中二价铜还原为氧化亚铜。

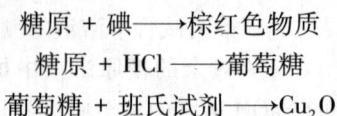

$$糖原 + 碘 \longrightarrow 棕红色物质$$
$$糖原 + HCl \longrightarrow 葡萄糖$$
$$葡萄糖 + 班氏试剂 \longrightarrow Cu_2O$$

许多因素可影响肝糖原的含量。如饱食后肝糖原增加，饥饿时肝糖原逐渐降低。利用上述性质可以进行饱食与饥饿肝糖原含量的比较。

三、试剂和仪器

1. 试剂

（1）0.3%碘液　称取 KI 20g 及 I_2 10g 溶于 100ml 水中，使用时再稀释 10 倍。

（2）班氏试剂　配制方法同实验二十九。

（3）其他试剂　0.9%氯化钠溶液、5%三氯醋酸、95%乙醇、20% NaOH、浓 HCl。

2. 仪器　手术器械、滤纸、研钵、白磁盘、旋涡混合器、离心机、水浴箱。

四、操作步骤

1. 糖原溶液的制备　分别将饱食和饥饿大鼠腹腔注射 1.5%戊巴比妥钠 2~3ml，待大鼠麻醉后剖腹取出肝，迅速用滤纸吸去附着之血液。将整块肝放入研钵内剪碎，加 5%三氯醋酸溶液 10ml 研磨至糜状。再加入 5%三氯醋酸溶液 10ml，搅匀。过滤，并观察比较饱食大鼠和饥饿大鼠肝滤液浑浊程度。

取滤液 2ml 于离心管中，再加入等体积 95%乙醇，混匀后离心 3 分钟（3000 转/分钟），比较两管糖原沉淀量。倾去上清液，于每管各加入蒸馏水 1ml，沸水浴加热至沉淀消失，即得糖原溶液。

2. 糖原溶液的鉴定与比较　取试管 3 支，编号，如下操作，进行 2 种糖原溶液的鉴定与比较。

试剂（滴）	试管号		
	1	2	3
饱食鼠肝糖原溶液	1		
饥饿鼠肝糖原溶液		1	
0.3%碘液	1	1	1
混匀，观察并记录颜色，进行比较			

3. 糖原水解液的比较　在糖原溶液中加入浓 HCl 10 滴，置沸水浴中加热约 10 分钟，取出冷却，然后用 20% NaOH 中和（约 20 滴），即得到糖原水解液。

取试管 3 支，编号，如下操作，进行 2 种糖原水解液的比较。

试剂（ml）	试管号		
	1	2	3
班氏试剂	1	1	1
饱食鼠肝糖原水解液	2		
饥饿鼠肝糖原水解液		2	
蒸馏水			2
混匀，置沸水浴 3 分钟，观察记录颜色及沉淀量			

五、结果及计算

1. 观察比较饱食大鼠和饥饿大鼠肝滤液浑浊程度。
2. 观察比较离心后饱食大鼠和饥饿大鼠糖原沉淀量。
3. 观察比较饱食大鼠和饥饿大鼠糖原溶液与碘液反应发生的颜色变化。
4. 观察比较饱食大鼠和饥饿大鼠糖原水解液与班氏试剂反应其颜色变化及沉淀量。

六、注意事项

1. 班氏试剂不稀释可长期保存，如有红色沉淀则试剂不能使用。
2. 加 5% 三氯醋酸溶液研磨肝时，不能将 20ml 三氯醋酸一次倒入研钵至糜状。

七、思考题

机体内糖原含量受哪些因素影响？

(孙丽萍)

实验三十一　血清三酰甘油的测定

一、实验目的

1. 掌握测定三酰甘油的原理和方法。
2. 了解血清三酰甘油的正常值及临床意义。

二、实验原理

三酰甘油也称为甘油三酯，其主要生理功能是储存能量和提供能量，主要分布在皮下、腹腔大网膜、肠系膜、内脏周围等脂肪组织中。三酰甘油不溶于水，在血浆中与磷脂、蛋白质和胆固醇形成脂蛋白运输，内源性三酰甘油主要以极低密度脂蛋白的形式运输，外源性三酰甘油主要以乳糜微粒的形式运输。血脂的含量受膳食、种族、性别、年龄、职业、运动状况、生理状态以及激素水平等多因素影响，波动范围较大。某些疾病时，血脂含量有很大变化，如糖尿病和动脉粥样硬化患者的血脂含量一般都明显升高。因此，测定血清三酰甘油的含量在临床上具有重要的意义。

血清中的三酰甘油经抽提剂正庚烷-异丙醇抽提后，再用氢氧化钾溶液皂化水解，生成甘油和脂肪酸钾，然后甘油被过碘酸钠氧化成甲醛，甲醛与乙酰丙酮在氨离子的存在下，加热生成带黄色荧光的 3,5-二乙酰-1,4-二氢二甲基吡啶，三酰甘油含量与黄色荧光物质的生成量成正比，用比色法测定血清三酰甘油的含量。反应如下式所示：

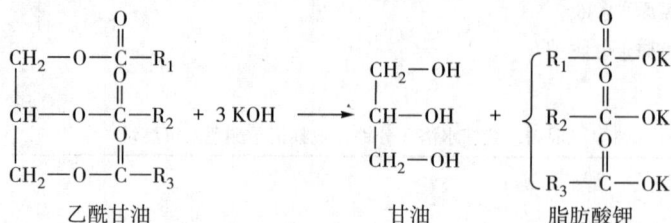

乙酰甘油　　　　　　　　　甘油　　　　脂肪酸钾

$$CH_2{-}OH$$
$$| \quad CH{-}OH \quad + 2NaIO_4 \longrightarrow 2HCHO + HCOOH + 2NaIO_3 + H_2O$$
$$CH_2{-}OH$$

$$HCHO + 2\ H_3C{-}CO{-}CH_2{-}CO{-}CH_3 + NH_4^+ \longrightarrow$$

乙酰丙酮　　　　　　3,5-二乙酰-1,4-二氢二甲基吡啶

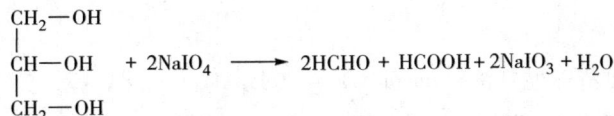

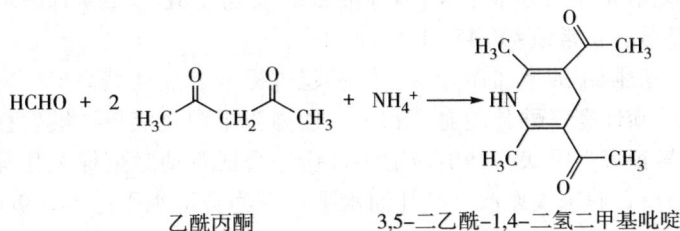

三、试剂和仪器

1. 试剂

（1）皂化试剂　取 6g 氢氧化钾溶于 60ml 蒸馏水中，加异丙醇，40ml 混合，置棕色瓶中室温保存。

（2）氧化试剂　650mg 过碘酸钠溶于约 100ml 蒸馏水中，加入 77g 醋酸铵，溶解后再加入 60ml 冰醋酸，加水至 1000ml，置棕色瓶中室温保存。

（3）乙酰丙酮试剂　0.4ml 乙酰丙酮加异丙醇至 100ml，混匀，置棕色瓶中，室温保存。

（4）三酰甘油标准液　精确称取三酰甘油 1g，用少量抽提剂溶解后，移入 100ml 容量瓶中，加抽提剂至 100ml，此为贮存标准液（10mg/ml），使用时，再以抽提剂稀释 10 倍，即得 1mg/ml 应用液，置于冰箱中保存。

（5）其他试剂　人血清、抽提剂正庚烷-异丙醇（V/V，4∶7）、0.04mol/L H_2SO_4 溶液、异丙醇。

2. 仪器　分光光度计、涡旋混匀器、恒温水浴箱、微量移液器。

四、操作步骤

1. 取干燥洁净的试管 3 支，分别标明"空白管""标准管"和"测定管"，如下加入试剂。

试剂（ml）	空白管	标准管	测定管
人血清			0.2
三酰甘油标准液		0.2	
蒸馏水	0.2		
抽提剂	2	2	2
0.04mol/L H_2SO_4	0.6	0.6	0.6

边加边摇，加完后置于涡旋混匀器上剧烈振摇 25 分钟，然后静置分成 2 层。

2. 另取 3 支同样标号的干燥、洁净试管，各加上层液 0.3ml，再加异丙醇 2ml 及皂化试剂 0.4ml，充分混匀后，于 65℃保温 5 分钟。

3. 各管加入氧化试剂 2ml 及乙酰丙酮试剂 2ml，充分混匀。至于 65℃ 水浴保温 15 分钟，取出用冷水冷却，于 420nm 波长处，以空白管校正零点，测定各管吸光度值（A 值）。

五、结果及计算

$$血清三酰甘油（mmol/L） = （A_测/A_标）c_标 × 1.13$$

式中，$A_测$ 为测定管的吸光度值；$A_标$ 为标准管的吸光度值；$c_标$ 为 1mg/ml；1.13 为 mg/ml 换算成 mmol/L 的系数，正常值＝0.45～1.69mmol/L。

血清三酰甘油一般随年龄增加而升高，体重超过标准者往往偏高。原发性三酰甘油血症多有遗传因素，如家族性高三酰甘油血症和家族性高脂蛋白血症等。继发性高三酰甘油血症见于糖尿病、糖原累积病、甲状腺功能减退、肾病综合征及动脉粥样硬化等。根据《中国成人血脂异常防治指南》，我国人血清三酰甘油水平可划为合适水平：＜1.70mmol/L；边缘性升高：1.70～2.25mmol/L；升高：≥2.26mmol/L。

六、注意事项

1. 样品采集：空腹 12～14 小时。
2. 显色后立即比色分析，避免时间过长显示不稳定。
3. 水会影响反应进行，故要求实验用品干燥。
4. 抽提时，待完全分层后才能吸取上层液，吸取上层液时不能吸入下层液。

七、思考题

1. 三酰甘油在机体能量代谢中的作用和特点各是什么？
2. 血清三酰甘油测定有何临床意义？
3. 血清三酰甘油的测定方法有哪些？

（赵　乐）

实验三十二　琼脂糖凝胶电泳法测定血清脂蛋白

一、实验目的

1. 掌握血清脂蛋白琼脂糖凝胶电泳的基本原理和操作方法。
2. 了解血清脂蛋白琼脂糖凝胶电泳的临床意义。

二、实验原理

血清中各种脂类物质，如胆固醇、磷脂和脂肪等，都以不同的比例与蛋白质结合成为脂蛋白而存在。脂蛋白中所含的蛋白质有多种，它们的等电点都低于 pH 7.3，所以将脂蛋白置于 pH 8.6 的电泳缓冲液中，各种脂蛋白均带负电荷，在电场中移向正极。各种脂蛋白所含有的蛋白质的种类和数量不同，故所带电荷量亦不相同；另外，各种脂蛋白颗粒的大小和形状也各不相同，所以在电场中泳动的速度（迁移率）也各不相同。

用琼脂糖凝胶作支持物进行电泳，可将正常人的血清脂蛋白分为 3 个区带，从正极到负极依次为 α-脂蛋白，前 β-脂蛋白和 β-脂蛋白。若将血清脂蛋白先用脂类染料（如苏丹黑）染色，经电泳后可看到血清脂蛋白分为 3 条清晰的区带，可用吸光度计扫描定量，也可将各脂蛋白区带切下，进行比色定量。血清脂蛋白电泳法是临床上经常采用的一种检验方法，在高脂蛋白血症的分型与临床鉴别诊断中有重要的意义。

三、试剂和仪器

1. 试剂

（1）预染血清　血清的预染在 0.2ml 血清中加入苏丹黑染色液 0.02ml，混匀后置 37℃ 水浴中 30 分钟，以转速 2000 转/分钟离心 5 分钟，取上清液备用。

苏丹黑染色液可选用以下 1 种：①苏丹黑 B 0.1g 溶于异丙醇 10ml 中。②苏丹黑 B 0.1g 中加入石油醚 2ml，无水乙醇 8ml，在 70℃ 水浴中加热 30 分钟，不断地振摇，离心弃去沉淀后备用。③将丙二醇（或乙二醇）10ml 加热到 100~110℃，加入苏丹黑 B 0.1g，搅拌 5 分钟，趁热过滤。冷却后再滤一次。

（2）巴比妥-巴比妥钠缓冲液（pH 8.6，离子强度 0.075）　取巴比妥钠 15.45g，巴比妥 2.76g，于 500ml 蒸馏水中加热溶解，冷却至室温后，用蒸馏水定容至 1000ml。

（3）0.45% 琼脂糖溶液　取琼脂糖 0.45g 置于锥形瓶中，加入三羟甲基氨基甲烷缓冲液 50ml，蒸馏水 50ml。

2. 仪器　电泳仪和电泳槽 1 套、玻璃片（2cm×30cm）、小铁丝和磁石。

四、操作步骤

1. 制备琼脂糖凝胶板

（1）将 0.45% 琼脂糖溶液置于沸水浴中加热，使琼脂糖完全融化成为溶胶。

（2）将玻璃片水平放置于桌面上，距一端 1~1.5cm 处放上一小段铁丝，方向与端线平行。

（3）用吸管吸取溶胶浇注玻璃片，每片需溶胶液 2.5~3.0ml，注意各处厚薄要均匀。静置半小时左右，使胶液完全凝固。

（4）用磁石小心将铁丝取出，形成的凹槽即为点样槽。

2. 点样　用吸管吸取预染过的血清约 15μl 点入点样槽内（注意勿碰坏凝胶板，点样亦不能过多，以免溢出点样槽）。

3. 电泳

（1）将点好血清的凝胶板平行放于电泳槽内，点样端置于负极。搭上纱布桥，使凝胶板两端与电泳槽缓冲液相连。平衡 3~5 分钟。

（2）接通电源，将电压调到 120~130V，每片电流为 3~4mA，经 40~60 分钟，观察到各区带已经分开，最前端区带电泳至玻片 2/3 处时，即可终止电泳。关掉电源，取出凝胶板。

五、结果及计算

观察结果，绘制电泳结果。

临床意义：血清中一种或几种脂蛋白浓度的增高，称为高脂蛋白血症。它与动脉粥样硬化、冠心病、高血压等一些疾病的发病有关。临床上把高脂蛋白血症分为 I、II、III、IV、V 型，其中 II 型又分为 II a 和 II b 型。分型的主要依据是脂蛋白电泳及血清总胆固醇和三酰甘油的定量测定。各型高脂蛋白血症的特点见表 5-1。

表 5-1　高脂蛋白血症的分型及特点

分型	CM	β-LP	前 β-LP	α-LP	TC	TG	分型要点
I	＋＋	正常或↑	正常或↑	正常或↑	正常或↑	↑↑↑	有 CM 有 β 正常或↑
IIa	－	↑↑↑	↑或正常	正常	↑↑↑	正常	β↑↑↑ 前 β 正常
IIb	－	↑↑↑	↑	正常	↑↑↑	↑	β↑↑↑ 前 β↑
III	±	宽 β 区（β 与前 β 不分开		正常	↑~↑↑	↑~↑↑	TC、TG 均↑↑ 宽 β 区
IV	－	正常或↑	↑↑↑	正常或↑	正常或↑	↑↑	前 β↑↑↑ β 正常 3. 无 CM
V	＋＋		↑↑	正常	↑↑	↑↑	前 β↑↑ 有 CM

注：CM＝乳糜微粒；LP＝脂蛋白；TC＝总胆固醇；TG＝甘油三酯，又称三酰甘油；↑↑↑＝明显增加；↑＝增加

六、注意事项

1. 电泳样品应为新鲜的空腹血清。血清样品和染色液的比例以 9∶1 为宜，染色液过多不仅会稀释标本，而且染色液中的乙醇会引起蛋白质变性，影响分离效果。

2. 加热融化琼脂糖溶液时，需防止缓冲液蒸发过多。

3. 琼脂糖溶液浓度一般选用 0.5% 左右为宜。浓度高于 1% 时，α-脂蛋白部分较紧密，β-脂蛋白和前 β-脂蛋白部分不够清晰；浓度低于 0.45% 时，凝胶的凝固性较差，图谱不清。

4. 加样时，血清样本不能溢出样品槽外。

七、思考题

1. 电泳时为何要将点样端置于负极？

2. 电泳法分离出的各种脂蛋白区带是否为均一的物质？为什么？

3. 简述血清脂蛋白琼脂糖凝胶电泳的临床意义。

（熊　伟）

实验三十三　血清总胆固醇的测定

一、实验目的

1. 掌握血清总胆固醇测定的原理和方法。

2. 了解血清胆固醇的正常值及临床意义。

3. 熟悉全自动生化分析仪的基本操作。

二、实验原理

血浆中的脂类包括三酰甘油、磷脂、胆固醇及胆固醇酯和游离脂肪酸。胆固醇是环戊烷多氢菲的衍生物，是生物膜和神经髓鞘的重要组成部分，也是维持生物膜正常功能不可缺少的，在神经组织和肾上腺中含量特别丰富，在肝、肾和表皮组织含量也很多。胆固醇还可以转化成胆汁酸、固醇类激素和维生素 D_3 等。由于血液与组织内的胆固醇经常不断地交换，因此，血清胆固醇水平基本能够反应胆固醇的摄取、合成及转送情况。血清中总胆固醇在体内以游离胆固醇及胆固醇酯两种形式存在。总胆固醇的测定方法可分为化学试剂比色法、酶分析法、荧光法、气相色谱法和高效液相色谱法等五大类。目前常用的是胆固醇氧化酶法测定血清中总胆固醇的含量。

胆固醇氧化酶法的优点是快速准确、专一性强、样本用量少、不需抽提，便于自动化分析和批量测定。胆固醇酯可被胆固醇酯酶水解为游离胆固醇和游离脂肪酸，游离胆固醇在胆固醇氧化酶的作用下生成 Δ^4-胆甾烯酮和过氧化氢，过氧化氢在4-氨基安替吡啉和酚存在时，经过氧化物酶的作用，生成红色的苯醌亚胺。苯醌亚胺的最大吸收峰在 500nm 左右，吸光度值与样本中胆固醇含量成正比，本实验采用比色法测定血清中总胆固醇的含量。

胆固醇氧化酶法测定血清中总胆固醇含量也可以使用全自动生化分析仪测定，全自动生化分析仪是以分光光度法为基础而发展起来的，至今分光光度法也是其核心方法，全自动生化分析仪是根据光电比色原理来测量溶液中某种特定化学成分的仪器。由于其测量速度快、准确性高、消耗试剂量小，现已在各级医院、疾病预防控制中心等得到广泛使用。配合使用可大大提高常规生化指标的检验，目前临床生化检验基本上都实现了自动化分析。自动化分析仪就是将原始手工操作过程中的取样、混匀、温育（37℃）、检测、结果计算、判断、显示和打印结果及清洗等步骤全部或者部分自动运行。

三、试剂和仪器

1. 试剂

（1）人血清。

（2）总胆固醇测定试剂盒：R_1 试剂（胆固醇酯酶≥1140U/L、胆固醇氧化酶≥800U/L、过氧化物酶≥6000U/L）；R_2 试剂［磷酸缓冲液（pH 7.7）100mmol/L，4-氯酚 3.5mmol/L、4-氨基安替吡啉 0.5mmol/L］；胆固醇标准液（浓度为 5.04mmol/L）。

（3）全自动生化分析仪检测总胆固醇试剂（主要含磷酸盐缓冲液、胆固醇酯酶、胆固醇氧化酶、过氧化物酶、4-氯酚、4-氨基安替吡啉和校准品等）。

2. 仪器 全自动生化分析仪、离心机、恒温水浴箱、分光光度计、涡旋混匀器。

四、操作步骤

1. 胆固醇氧化酶法测定血清总胆固醇含量

（1）工作液的配制 使用前根据需要量将 R_1 和 R_2 按 1∶10 的比例混匀即成，取 10ml R_2 试剂加到 R_1 试剂中即可。

（2）取干燥洁净试管 3 支，分别标明"空白管""标准管"和"测定管"，如下加入试剂。

试剂（ml）	空白管	标准管	测定管
人血清			0.03
胆固醇标准液		0.03	
蒸馏水	0.03		
工作液	3	3	3

混匀，于37℃水浴保温10分钟

取出后，以空白管调零，在500nm波长处进行比色，读取并记录吸光度值（A）。

2. 全自动生化分析仪测定血清胆固醇

（1）在样品池中放入待测血清，试剂盘中放入胆固醇测定试剂、水和碱性清洗液；打开全自动生化分析仪，先开主机电源，再开分析部电源。

（2）打开计算机软件，按照软件提示进行进样针清洗，光源本底测量和换杯操作，点击"样品申请"，输入样品信息后，选择胆固醇测定，待反应盘孵育结束后点击"开始测试"，测试完成后，点击"当前结果"进入"结果查询"界面，导出或打印测试结果，退出软件，关闭计算机及仪器。仪器型号不同，操作步骤稍有改变，具体以仪器操作说明书为准。

五、结果及计算

$$胆固醇浓度（mmol/L）= （A_测/A_标）c_标$$

式中，$A_测$为测定管的吸光度值；$A_标$为标准管的吸光度值；$c_标$为5.04mmol/L。

根据中华医学会心血管病专家组制定的"血脂异常防治对策"，我国人血清胆固醇水平高低可划分为合适水平：≤5.17mmol/L；边缘性升高：5.20~5.66mmol/L；升高≥5.69mmol/L。血清总胆固醇水平增高常见于动脉粥样硬化、原发性高脂血症（如家族性高胆固醇血症，家族性 ApoB 缺陷症，多源性高胆固醇血症，混合性高脂蛋白血症等）、糖尿病、肾病综合征、胆总管阻塞和甲状腺功能减退等。总胆固醇水平降低常见于低脂蛋白血症、贫血、败血症、甲状腺功能亢进、肝疾病、严重感染、营养不良、肠道吸收不良和药物治疗过程中的溶血性黄疸及慢性消耗性疾病，如癌症晚期等。

六、注意事项

1. 标本采集：空腹12小时采血，避免溶血。

2. 显色剂必须加一管混合一管，不可加完后一起混合，混合时间也需一致。

3. 操作全自动生化分析仪时，需戴上手套，防止直接接触生物样品。

七、思考题

1. 胆固醇氧化酶法测定血清胆固醇含量的原理是什么？

2. 血清总胆固醇含量测定的临床意义是什么？

3. 全自动生化分析仪的工作原理是什么？

（赵　乐）

实验三十四　维生素 C 含量的测定
——2,6-二氯酚靛酚滴定法

一、实验目的

1. 掌握 2,6-二氯酚靛酚法测定维生素 C 含量的原理和方法。
2. 了解从果蔬中提取维生素 C 的方法。

二、实验原理

维生素 C 是人类营养中最重要的水溶性维生素之一，人体缺乏维生素 C 时会出现坏血病，所以它又被称为抗坏血酸。天然的维生素分布非常广，尤其是在水果（如猕猴桃、柚子、橘子、柠檬、草莓等）和蔬菜（如青椒、番茄、芹菜、甘蓝、黄瓜等）中的含量更为丰富。不同的栽培条件、成熟度和加工储藏方法都会影响蔬菜和水果中维生素 C 的含量，因此测定维生素 C 的含量是了解果蔬品质及其加工工艺成效的重要指标。

维生素 C 在酸性溶液中比较稳定，而在碱性溶液中易被破坏。天然的维生素 C 有还原型和氧化型两种，还原型维生素 C 分子结构中有烯醇（ $\overset{\quad OH\ OH}{-C=C-}$ ）存在，故为一种极敏感的还原剂，它可失去两个氢原子而氧化为氧化型维生素 C。染料 2,6-二氯酚靛酚钠盐（ $C_{12}H_6O_2NCl_2Na$，在碱性或中性水溶液呈蓝色，在酸性溶液中呈桃红色）是一种氧化剂，可以氧化维生素 C 而自身被还原成无色的衍生物。反应式如下：

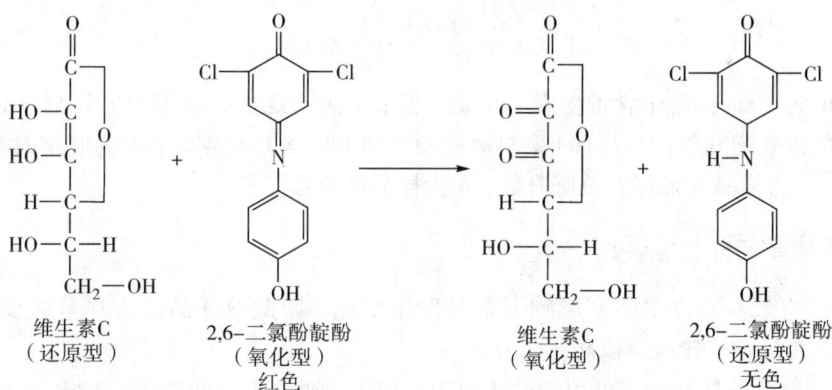

当用 2,6-二氯酚靛酚滴定含有维生素 C 的酸性溶液时，若维生素 C 尚未全部被氧化，则滴下的染料立即使溶液变成无色；而溶液中的维生素 C 全部被氧化为氧化型时，滴入的 2,6-二氯酚靛酚立即使溶液呈现淡红色。因此，可以根据染料的消耗量计算出还原型维生素 C 的含量。

三、试剂和仪器

1. 试剂

（1）0.2mg/ml 标准维生素 C 溶液　精确称取维生素 C 50mg（±0.1mg），用 2% 草酸定容至 250ml。此溶液应储存于棕色瓶中，最好临用前配制。

（2）0.02% 2,6-二氯酚靛酚溶液　称取 2,6-二氯酚靛酚钠盐 50mg，溶于 50ml 热水中，冷后加水稀释至 250ml，过滤后储存于棕色药瓶内，4℃冷藏可稳定 1 周，临用前用配好的标准维生素 C 溶液标定。

（3）其他试剂　2%草酸溶液、二氯乙烷。

2. 仪器　电子天平、剪刀、研钵、容量瓶、酸式滴定管、锥形瓶等。

四、操作步骤

1. 2,6-二氯酚靛酚溶液的标定　准确吸取标准维生素 C 溶液 2ml 于锥形瓶中，再加入 2% 草酸 5ml 和二氯乙烷 1ml，然后用 2,6-二氯酚靛酚染料溶液滴定至桃红色（15 秒钟不褪即为终点）。记录所用染料的体积，并计算出 1ml 染料溶液相当的维生素 C 毫克数。

2. 样品中维生素 C 的提取　称取切碎的果蔬样品 2g 于研钵中，加入 2% 草酸溶液少许，用研钵研磨成匀浆，转入 50ml 容量瓶中，用 2% 草酸溶液反复洗涤研钵，合并滤液并用 2% 草酸定容至 50ml，然后静置后过滤备用。如果滤液有颜色，在滴定时不易辨别终点，可先用白陶土脱色，过滤或用离心机沉淀备用。

3. 样品的滴定　准确吸取滤液 10ml 和二氯乙烷 1ml 于锥形瓶中，用已标定过的 2,6-二氯酚靛酚钠盐溶液滴定，至桃红色 15 秒不褪为止，记录染料的用量。为保证结果的准确性，每个样品至少滴定两次，取平均值。

4. 空白滴定　准确吸取 2% 草酸溶液 10ml 和二氯乙烷 1ml，用染料作空白滴定至终点，记录染料的用量。

五、结果及计算

计算 100g 样品中含维生素 C 的毫克数，其计算公式为：

$$W = \frac{(V - V_1)A}{B} \cdot \frac{b}{a} \times 100$$

式中，W 为 100g 样品中含维生素 C 的毫克数；V 为滴定样品所用的染料毫升数；V_1 为空白滴定所用的染料毫升数；A 为 1ml 染料溶液相当的维生素 C 毫克数；B 为滴定时吸取的样品溶液毫升数；b 为样品液稀释后总毫升数；a 为样品的克数。

六、注意事项

1. 由于维生素 C 在许多因素影响下都易发生变化，因此取样品时应尽量减少操作时间，并避免与铜、铁等金属接触，以防止氧化。

2. 对带有颜色的样品液，可用中性的白陶土脱色，吸取澄清滤液进行测定。

3. 经过熏硫或亚硫酸及其盐类处理的样品，在配制样品液时，应加甲醛（纯）5ml，以除去二氧化硫的影响，然后再定容量。

4. 本法只能测定还原型维生素 C，不能测出具有同样生理功能的氧化型维生素 C 和结合型维生素 C。

七、思考题

除了本实验介绍的这种方法外，你还知道哪些方法可以测定样品中的维生素 C 含量？

（李春梅）

实验三十五　葡聚糖凝胶过滤法分离葡聚糖和重铬酸钠

一、实验目的

熟悉葡聚糖凝胶过滤法（Sephadex 分子筛色谱）的原理及基本方法。

二、实验原理

分子筛色谱是分离蛋白质、酶、核酸等生物大分子的常用手段。分子筛指的是一种多孔网络状结构的色谱介质。当不同大小的分子混合物流经这一介质时，小分子的物质能进入介质内部的空隙；而大分子的物质则被排阻在介质之外，所以在色谱柱内滞留的时间短，从而达到分离的效果，这就是分子筛效应。

葡聚糖凝胶（商品名 Sephadex）是一种常用的具有分子筛效应的物质。由于它基本上是一种非离子型的不溶于水的球状颗粒，本身不会与被分离物质相互作用，所以分离效果比较好。不同型号（交联度、孔径不同）的 Sephadex 适用于分离分子大小不同的物质。本实验应用 Sephadex G-25 分离蓝色葡聚糖（Mr>200 万，蓝色）和重铬酸钾（Mr 为 294，黄色）的混合物。

三、试剂和仪器

1. 试剂

（1）2mg/ml 重铬酸钾溶液　精确称取重铬酸钾 2mg（±0.1mg）再加入 1ml 蒸馏水溶解即可。

（2）其他试剂　4mg/ml 蓝色葡聚糖溶液、Sephadex G-25（或用 Sephadex G-50）。

2. 仪器　具塞玻璃色谱管、铁架台。

四、操作步骤

1. 凝胶溶胀　取 Sephadex G-25 30g（可装柱 10 根）置于 1000ml 大烧杯中，加蒸馏水 500ml 浸泡 4 小时（若急用，可煮沸 1 小时），使 Sephadex 充分溶胀。充分溶胀后的凝胶，倒去上层多余的水及细小颗粒。如此反复洗涤 2~3 次，放抽气瓶中抽气，以除去气泡待用。

2. 装柱　取一根 1cm×20cm 色谱柱垂直装好，关闭下出水口，将已膨胀好的 Sephadex G-25 搅匀为悬液，小心倒入色谱柱内（不要倒满，离顶端 3~4cm）。待凝胶开始沉降后，打开下水口，让水缓缓流出。适时添加 Sephadex 悬液，使柱内的 Sephadex 沉降高度达 10cm 左右，关闭出水口留用。

3. 上样

（1）将色谱柱出水口打开，缓缓放出柱内液体，待 Sephadex 柱的液面刚好进入凝胶表面，立即关闭下口。

（2）取 4mg/ml 蓝色葡聚糖液、2mg/ml 重铬酸钾液各 10 滴，在小试管内混匀，用滴管加于 Sephadex 凝胶表面上。加样时必须轻柔，不能使 Sephadex 凝胶表面凹凸不平或向一边倾斜。

（3）打开色谱柱下口，缓缓放出柱内液体。待 Sephadex 表面的混合样品刚好全部进入 Sephadex 凝胶柱后，关闭下口。

4. 洗脱及收集

（1）从上口小心加满蒸馏水作为洗脱液。

（2）打开出水口，使柱内液体缓缓流出。调节流速为 0.3ml/min 左右。

（3）取小试管 20 支，编号（1~20），按顺序置于试管架上。从 1 号管开始收集洗脱液，0.5ml/管（3~4 分钟收集 1 管）。

（3）不同颜色的物质以不同的速度通过 Sephadex 凝胶柱，先后流出而被收集于不同的小试管内。观察两种颜色物质出现的先后及其深浅程度，以-、+、++、+++等记录之。

（4）一直洗脱及收集至，全部有颜色物质从色谱柱流出为止。

（5）收集完毕即关闭下出水口。

5. 凝胶回收

实验完毕，将 Sephadex 用蒸馏水洗净后回收，可以重复多次使用。

五、结果

以洗脱管数（管号）为横坐标，以各管颜色深浅为纵坐标绘制洗脱曲线（图 5-1）。

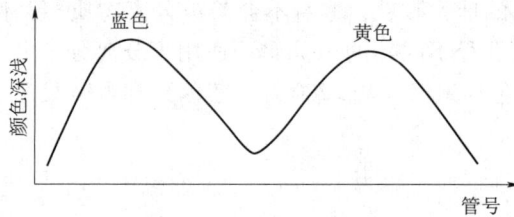

图 5-1 分子筛色谱洗脱曲线

六、注意事项

1. 装柱时不能时断时续，应该一直装到所需柱体高度为止。若中间中断，将出现分层或纹路等而影响物质分离的效果；一旦出现分层或纹路等现象应该重新装柱。

2. 加样时，滴管下口要靠近凝胶面（距 1cm 以内），沿色谱柱内壁缓缓加入，不可过快。

3. 整个收集洗脱过程一定注意不能 Sephadex 凝胶表面的水或样品流尽而造成柱子干裂影响分离效果，因此需不断从上口补充蒸馏水。

七、思考题

1. 分子筛色谱的原理是什么？

2. 本实验先分离出来的物质是什么？为什么？

（李春梅）

实验三十六　纸色谱法验证肝组织的转氨基作用

一、实验目的

1. 学习纸色谱法的基本原理。

2. 掌握纸色谱的操作方法。

3. 了解纸色谱是用以分离某些物质的方法。

二、实验原理

1. 氨基酸转氨基作用 转氨基作用在氨基转移酶（转氨酶）的催化下进行。丙氨酸氨基转移酶催化谷氨酸与丙酮酸进行转氨基，生成丙氨酸和 α-酮戊二酸。

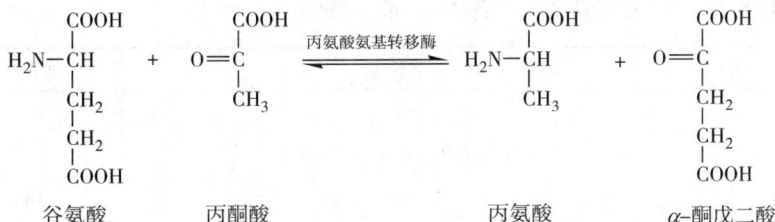

谷氨酸　　　　丙酮酸　　　　　　　　丙氨酸　　　　α-酮戊二酸

2. 纸色谱 纸色谱是分配色谱的一种（但一般认为其同时存在吸附作用和离子交换作用），此法的原理是根据不同溶质在互不相容的两种溶剂中的分配系数不同而将其分离。分配系数即溶质在两种溶剂中进行分配，达到平衡时，其在两种溶剂中的浓度比值。分配系数通常用 α 表示。

$$\alpha = \frac{溶质在固定相的浓度}{溶质在流动相的浓度}$$

一种物质在一种色谱系统中的分配系数，在一定温度下是一个常数。

纸色谱以滤纸作为惰性支持物。滤纸纤维上的羟基具有亲水性，能吸附一层水作为固定相，用有机溶剂作为流动相。溶质随流动相流经惰性支持物时，在两相间不断地重新分配。各种物质的分配系数不同，随流动相移动速率也不同，从而达到分离的目的。移动速率用 R_f 值表示。

因不同溶质移动速率不同，其在滤纸上迁移的距离也不同，分离而形成的色谱点称为色谱图谱。无色物质的纸色谱图谱可用光谱分析（紫外光照射）或呈色反应鉴定。

纸色谱法可以应用于氨基酸、糖、维生素、抗生素、有机酸等小分子物质的分离和鉴定。

3. 纸色谱分离氨基酸 在滤纸的一端点上少量的待分析氨基酸混合物，再用一种水饱和的苯酚溶液（与水不相混合）从该端展层。当苯酚溶液在滤纸上迁移一段距离后，由于混合物中各氨基酸成分在水与该溶剂中的分配系数不同，它们在滤纸上迁移的距离也就不同，得以分离。无色物质的纸色谱图谱可用光谱分析（紫外光照射）或呈色反应鉴定。氨基酸纸色谱图谱常用茚三酮（或吲哚醌）作为显色剂。

三、试剂和仪器

1. 试剂

（1）1% 谷氨酸溶液 称取 5g 谷氨酸，用适量得用蒸馏水溶解，并用 KOH 中和，最后用蒸馏水定容至 500ml。

（2）1% 丙酮酸溶液 称取 5g 谷氨酸，用适量得用蒸馏水溶解，并用 KOH 中和，最后用蒸馏水定容至 500ml。

（3）0.2% 茚三酮-乙醇溶液 称取茚三酮 0.2g 溶于 100ml 乙醇中。

（4）其他试剂 1/15mol/L 磷酸缓冲液（pH 7.4）、0.1% KHCO$_3$ 溶液、0.025% 溴乙酸溶液、15% 三氯醋酸、水饱和苯酚（棕色瓶保存）、0.1% 谷氨酸溶液、0.1% 丙氨酸溶液、酶液。

2. 仪器 表面皿、培养皿、离心机、水浴振荡器、色谱缸、烘箱。

四、操作步骤

1. 酶液制备 处死大鼠，取肝 1.5g 放入匀浆器中，加入 4℃磷酸缓冲液 3ml，匀浆，2500 转/分钟离心 5 分钟，取上清液。

2. 氨基酸转氨基 取大试管 2 支，编号，如下操作。

试剂（滴）	试管 1	试管 2
酶液	10	10
15%三氯醋酸	10（混匀并静置 15 分钟）	
1%谷氨酸溶液	10	10
1%丙酮酸溶液	10	10
0.1% KHCO₃ 溶液	10	10
0.025%溴乙酸溶液	5	5
	混匀，置 40℃水浴中振荡 30 分钟	
15%三氯醋酸		10

3. 氨基酸纸色谱（两种方法选一种）

方法一：

（1）**色谱用滤纸准备** 将滤纸裁成条状（15cm×2cm），下端剪成楔形（图 5-2）。用铅笔在距离滤纸下端 2cm 处画一条直线，以此线三等分点为圆心画两个直径约 2mm 的圆圈。

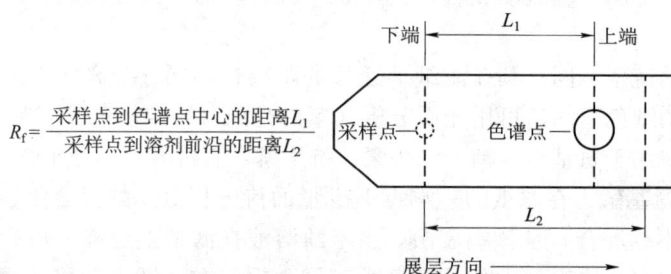

$$R_f = \frac{采样点到色谱点中心的距离 L_1}{采样点到溶剂前沿的距离 L_2}$$

图 5-2 纸色谱方法一示意图

（2）**点样** 用两个 20μl 的微量移液器吸头，各蘸取样品 1 和样品 2，分别点在两个圆圈内。待干燥后（可用电吹风吹干）重复点样 2~3 次，以保证上样量。

（3）**展层** 将水饱和的苯酚溶液倒入色谱缸或大试管中，溶液高度约 1.5cm。将滤纸条用棉线悬挂垂入色谱缸（或大试管）中。调节滤纸条高度，使其下端浸入苯酚溶液内，但点样点高出液面约 0.5cm。盖上色谱缸的盖子，开始展层。

当溶剂展层前沿至 7~10cm 高时（45~60 分钟），用直尺在色谱缸外量出溶剂前沿至点样线的距离，记录数据。

（4）**显色** 小心取出滤纸条，置 80℃烘箱中烘干，使苯酚蒸发（约需 5 分钟）。将滤纸条放入 0.2% 茚三酮-乙醇溶液的培养皿内，滤纸下端至溶剂前沿处沾湿，再置 80℃烘箱中烘干。烘干后，在滤纸的不同位置会呈现蓝紫色斑点。

方法二：

（1）取直径 11cm 圆形滤纸一张，用铅笔过圆心轻轻画一相互垂直的十字线（图 5-3a），十字线长度为 3cm。在距圆心 1cm 的十字线上再分别画一个小十字作为点样位置，用铅笔标明 1、2、3、4。

（2）用四根毛细玻璃管分别吸取测定管上清液、0.1% 丙氨酸溶液、对照管上清液、0.1% 谷氨酸溶液，依次点在滤纸上标明记号的原点处（即小十字的交点处），注意斑点直径不应大于 3mm，待干后，再重复点样 2 次。晾干点样位置后进行色谱展开。

（3）在滤纸圆心处穿一小孔（直径为 1~2mm），另取一同类滤纸小条（2cm×1cm）卷成筒状，直径为 1~2mm，并将其下端剪成刷状，将此小筒插入滤纸中心小孔（不要突出于纸面，图 5-3b 所示）。

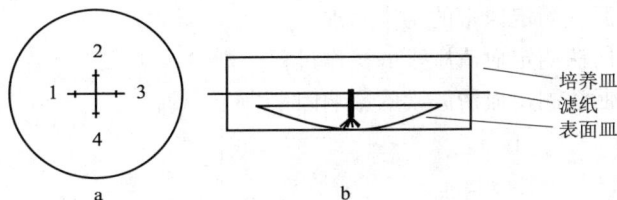

图 5-3　纸色谱方法二示意图

（4）将展开剂（水饱和的苯酚溶液）放入直径为 3~5cm 的干燥表面皿中，表面皿置于直径 11cm 培养皿正中。将滤纸平放在培养皿上，小筒浸入溶剂中，将另一同样大小培养皿盖上。展开剂沿小筒上升到滤纸，再向四周扩展，约 30 分钟后，展开剂前缘距滤纸边缘约 1cm 时即可取出。

（5）取出滤纸用热风吹干或置 60℃ 培养箱中干燥。喷以 0.2% 茚三酮-乙醇溶液，再用热风吹干。用铅笔圈下各显色斑点，观察色谱出现的色斑。计算 R_f 值并讨论色谱现象。

五、结果及计算

1. 计算各斑点的 R_f 值。

2. 判定样品 1、样品 2 分别含有何种氨基酸。

六、注意事项

1. 酶液制备时需低温操作和低温保存。

2. 滤纸剪裁时注意纤维走向，纵向剪裁。展层前的操作过程中，手指不可接触纸面，以免影响实验结果。

3. 点样时勿使样品溶液扩散到圈外。重复点样时，需前一次点样干燥后再进行。

4. 展层时滤纸条要保持竖直状态，且不能接触色谱缸壁。

5. 苯酚有强腐蚀性，实验时应戴口罩和手套防护，避免沾到皮肤及衣物上。若沾到皮肤上，应立即用 70% 乙醇擦洗。苯酚易挥发，吸入后易损伤呼吸道黏膜，盛有苯酚的色谱缸应随时盖好。

七、思考题

1. 在氨基酸转氨基实验中，两支试管在不同时刻加入 15% 三氯醋酸 10 滴，其作用是什么？

2. 在氨基酸纸色谱实验显色操作时，滤纸条用 0.2% 茚三酮-乙醇蘸湿后，为什么需经烘干后才会显色？

（孙丽萍）

实验三十七　二乙酰一肟法测定血清尿素

一、实验目的

1. 掌握二乙酰一肟法测定尿素的基本原理。
2. 熟悉二乙酰一肟法测定血清尿素的操作过程。
3. 了解二乙酰一肟法测定血清尿素的影响因素。

二、实验原理

在氨基硫脲及镉离子存在的条件下，二乙酰在强酸性溶液中与尿素缩合成红色的 4,5-二甲基-2-氧咪唑化合物，颜色深浅与尿素含量成正比，与同样处理的尿素标准应用液比较，求得样品中尿素含量。因为二乙酰不稳定，故通常由反应系统中二乙酰一肟与强酸作用产生二乙酰，接着与尿素缩合成红色的 4,5-二甲基-2-氧咪唑（Fearon 反应）。

三、试剂和仪器

1. 试剂

（1）酸性试剂　在锥形瓶中加去离子水约 100ml，然后缓慢加入浓硫酸 44ml 及 85% 磷酸 66ml，冷至室温，加入氨基硫脲 50mg 及硫酸镉（$CdSO_4 \cdot 8H_2O$）2g，溶解后用去离子水稀释至 1000ml。置棕色瓶中，4℃ 保存可稳定半年。

（2）0.18mol/L 二乙酰一肟溶液　称取二乙酰一肟 20g，溶于去离子水中并定容至 1000ml。置棕色瓶中，4℃ 保存可稳定半年。

（3）尿素标准贮存液（100mmol/L）　精确称取 60~65℃ 干燥恒重的尿素（Mr = 60.06）0.6g，溶解于无氨去离子水，并定容至 100ml，加 0.1g 叠氮化钠防腐，4℃ 可保存 6 个月。

（4）尿素标准应用液（5mmol/L）　取上述贮存液 5.0ml 置 100ml 容量瓶中，用去离子水定容至 100ml。

2. 仪器　可见分光光度计、离心机、恒温水浴箱。

四、操作步骤

1. 取 10mm×100mm 试管 3 支，编号，如下操作。

加入试剂（ml）	空白管	标准管	测定管
人血清			0.02
尿素标准应用液		0.02	
蒸馏水	0.02		

续表

加入试剂（ml）	空白管	标准管	测定管
二乙酰一肟溶液	0.5	0.5	0.5
酸性试剂	5.0	5.0	5.0

2. 各管混匀，置沸水浴中加热 12 分钟，取出后置冷水中冷却 5 分钟，在波长 540nm 下，以空白管调零，读取各管吸光度值。

五、结果及计算

$$人血清尿素浓度（mmol/L） = （A_{测}/A_{标}）c_{标}$$

式中，$A_{测}$ 为测定管的吸光度值；$A_{标}$ 为标准管的吸光度值；$c_{标}$ 为 5mmol/L。

健康成年人血清尿素：2.9~8.2mmol/L。

1. 血液尿素浓度增高　分生理性因素和病理性因素两方面。

（1）生理因素　高蛋白饮食引起血清尿素浓度和尿液排出量显著增高。血清尿素浓度男性比女性平均高 0.3~0.5mmol/L，并随着年龄增加有增高倾向。成人日间生理变异平均为 0.63mmol//L。

（2）病理因素　①肾前性，最重要的原因是失水，因血液浓度使肾血流量减少，肾小球滤过率减低而致血液尿素浓度增加，见于剧烈呕吐、幽门梗阻、肠梗阻和长期腹泻等。②肾性，急性肾小球肾炎、肾病晚期、肾衰竭、慢性肾盂肾炎及中毒性肾炎等影响肾小球滤过的疾病，都可使血液尿素含量增高。③肾后性疾病，前列腺肥大、尿路结石、尿道狭窄、膀胱肿瘤致使尿道受压等，都可能使尿路阻塞，引起血液中尿素含量增加。

2. 血清尿素浓度降低　较少见。严重肝病，如急性黄色肝萎缩、肝硬化、肝炎合并广泛性坏死，导致尿素合成减少而使血液尿素浓度降低。

六、注意事项

1. 试剂中加入氨基硫脲和镉离子，可增进显色强度和色泽稳定性，但仍有轻度褪色现象（每小时小于 5%）。因此，加热显色经冷却后，应及时比色。

2. 煮沸时间和煮沸时液体蒸发量影响结果。因此，测定管和标准管的试管口径和煮沸时间应尽量一致。煮沸时间延长，吸光度值反而降低。

3. 尿液中尿素也可用此法测定，但因浓度高，需先用去离子水做 50 倍以上稀释。

七、思考题

1. 二乙酰一肟法测定尿素，实际上直接与尿素起反应的物质是什么？

2. 试剂配方中加入氨基硫脲和硫酸镉有何作用？

3. 尿素测定有何临床价值？

（熊　伟）

实验三十八　磷钨酸还原法测定血清尿酸

一、实验目的

1. 掌握磷钨酸还原法测定血清尿酸的基本原理。
2. 熟悉磷钨酸还原法测定血清尿酸的操作过程和血清尿酸的参考范围。
3. 了解无蛋白质滤液制备的影响因素。

二、实验原理

无蛋白质滤液中的尿酸在碱性溶液被磷钨酸氧化生成尿囊素和二氧化碳，磷钨酸被还原为蓝色的钨蓝。在660nm波长下进行比色，钨蓝的吸光度值与尿酸含量成正比。通过与同样处理的尿酸标准应用液比较，既可求得尿酸含量。

三、试剂和仪器

1. 试剂

（1）160mmol/L 磷钨酸贮存液　钨酸钠50g，溶解于去离子水400ml中，加浓磷酸40ml、玻璃珠数粒，回流2小时，冷却至室温，用去离子水定容至1000ml。置棕色瓶中保存。

（2）16mmol/L 磷钨酸应用液　取磷钨酸贮存液10ml，用去离子稀释至100ml。

（3）0.3mol/L 钨酸溶液　钨酸钠（$Na_2WO_4 \cdot 2H_2O$，$Mr = 329.81$）100g溶解于蒸馏水中，并定容至1000ml。

（4）0.33mol/L 硫酸溶液　于去离子水900ml中加入浓硫酸18.5ml，冷却后用去离子水定容至1000ml。

（5）钨酸试剂　于去离子水800ml中加入0.3mol/L钨酸溶液50ml、浓磷酸0.05ml、0.33mol/L H_2SO_4 50ml，混匀。室温中可稳定数月。

（6）0.99mol/L 碳酸钠溶液　无水碳酸钠100g，溶于去离子水至1000ml。置塑料试剂瓶中贮存，如有浑浊可过滤后使用。

（7）6.0mmol/L 尿酸标准贮存液　在60℃溶解碳酸60mg于去离子水40ml中，加入尿酸（$C_5H_4O_3N_4$，$Mr = 168.073$）100.9mg，待溶解后冷却至室温，移入100ml容量瓶中，加入甲醛2ml，用去离子水定容至100ml。棕色瓶中保存。

（8）300μmol/L 尿酸标准应用液　取尿酸标准贮存液5.0ml，乙二醇33ml，用去离子水稀释至100ml。

2. 仪器　可见分光光度计、离心机、恒温水浴箱。

四、操作步骤

1. 取15mm×150mm试管3支，编号，如下操作。

加入物（ml）	空白管	标准管	测定管
去离子水	0.5		
300μmol/L 尿酸标准应用液		0.5	

加入物（ml）	空白管	标准管	测定管
人血清			0.5
钨酸试剂	4.5	4.5	4.5
混匀，室温放置 5 分钟，3000 转/分钟离心 5 分钟			
空白管上清液	2.5		
标准管上清液		2.5	
测定管上清液			2.5
0.99mol/L 碳酸钠溶液	0.5	0.5	0.5
混匀后静置 10 分钟			
16mol/L 磷钨酸应用液	0.5	0.5	0.5

2. 各管混匀，20 分钟后，在波长 660nm 下，以空白管调零，读取各管吸光度值。

五、结果及计算

$$人血清尿酸浓度（\mu mol/L）= （A_{测}/A_{标}）c_{标}$$

式中，$A_{测}$ 为测定管的吸光度值；$A_{标}$ 为标准管的吸光度值；$c_{标}$ 为 300$\mu mol/L$。

健康成年男性血清尿酸：262~452$\mu mol/L$；健康成年女性血清尿酸：137~393$\mu mol/L$。

尿酸测定主要用于各种原因引起的高尿酸血症，以及由此导致的痛风症。

1. 原发性高尿酸血症

（1）原发性肾排泄尿酸减少，占原发性高尿酸血症的 80%~90%，为多基因型常染色体显性遗传所致。

（2）尿酸产生过多，以从头合成嘌呤过多占主要原因，占原发性高尿酸血症的 10%~20%，也是多基因型常染色体显性遗传；而特异性酶缺陷，如次黄嘌呤-鸟嘌呤磷酸核糖转移酶（HGPRT）部分缺乏或完全缺乏等，导致鸟嘌呤和次黄嘌呤不能经补救途径合成嘌呤核苷酸，而使尿酸产生过多者，仅占原发性 1%。

2. 继发性高尿酸血症

（1）尿酸排泄减少，为引起肾小球滤过减少和（或）肾小管排泌尿酸减少的肾疾病所致。

（2）尿酸产生过多，见于骨髓增殖性疾病，如各类白血病、多发性骨髓瘤、红细胞增多症、慢性溶血性贫血、全身扩散的癌症、恶性肿瘤化疗或放疗后和严重的剥脱性银屑病等。

六、注意事项

1. 草酸钾与磷钨酸容易形成不溶性的磷钨酸钾，造成显色液浑浊，因此不能用草酸钾作抗凝剂。标本中尿酸在室温可稳定 3 天；尿液标本冷藏后，可引起尿酸盐沉淀，此时调节 pH 7.5~8.0，并将标本加热到 50℃，待沉淀溶解后再进行测定。

2. 尿酸在水中溶解度低（0.06g/L，37℃），但在碱性碳酸盐中易溶解，故配制标准液时可加入碳酸锂或碳酸钠助溶。

3. 制备无蛋白质滤液时，若滤液酸度过高，可引起尿酸与蛋白质共沉淀。pH<3 时，尿酸回收率明显降低。滤液 pH 2.4~2.7，回收率仅为 74%~97%；滤液 pH 3.0~4.3，回收率为 93%~103%。

七、思考题

1. 血尿酸测定有何临床应用价值？
2. pH 对无蛋白质血滤液制备有何影响？

（熊 伟）

实验三十九　改良 J-G 法测定血清
总胆红素和结合胆红素

一、实验目的

1. 掌握改良 J-G 法测定血清总胆红素和结合胆红素的基本原理。
2. 熟悉改良 J-G 法测定血清总胆红素和结合胆红素的操作过程。
3. 了解胆红素纯度的鉴定方法及胆红素标准品配制。

二、实验原理

血清中结合胆红素可直接与重氮试剂反应，产生偶氮胆红素；非结合胆红素在加速剂咖啡因-苯甲酸钠-醋酸钠的作用下，其分子内氢键破坏后才能与重氮试剂反应，也产生偶氮胆红素。本法重氮反应 pH 6.5，最后加入碱性酒石酸钠使紫色偶氮胆红素（吸收峰 530nm）转变成蓝色偶氮胆红素，在 600nm 波长进行比色，使检测灵敏度提高。

三、试剂和仪器

1. 试剂

（1）咖啡因-苯甲酸钠-醋酸钠试剂　称取无水醋酸钠 41.0g，苯甲酸钠 38.0g，乙二胺四醋酸二钠（EDTA-Na$_2$）0.5g，溶于约 500ml 去离子水中，再加入咖啡因 25.0g，搅拌使溶解（加入咖啡因后不能加热溶解），用去离子水补足至 1000ml，混匀。滤纸过滤，置棕色瓶，室温保存。

（2）碱性酒石酸钠溶液　称取氢氧化钠 75.0g，酒石酸钠（Na$_2$C$_4$H$_4$O$_6$·2H$_2$O）263.0g，用去离子水溶解并补足至 1000ml，混匀，置塑料瓶中，室温保存。

（3）72.5mmol/L 亚硝酸钠溶液　称取亚硝酸钠 5.0g，用离子水溶解并定容至 100ml，混匀，置棕色瓶，冰箱保存，稳定期不少于 3 个月。10 倍稀释成 72.5mmol/L，冰箱保存，稳定期不少于 2 周。

（4）28.9mmol/L 对氨基苯磺酸溶液　称取对氨基苯磺酸（NH$_2$C$_6$H$_4$SO$_3$H·H$_2$O）5.0g 溶于 800ml 去离子水中，加入浓盐酸 15ml 用去离子水补足至 1000ml。

（5）重氮试剂　临用前取上述亚硝酸钠溶液 0.5ml 和对氨基苯磺酸溶液 20ml 混匀即成。

（6）5.0g/L 叠氮化钠溶液。

（7）胆红素标准液

1）目前一般用游离（非结合）胆红素配制标准液，此标准品需用含清蛋白的溶剂配制，常用人混合血清，对此血清的要求如下：收集无溶血、无黄疸、无脂浊的新鲜血清，混合，必要时可用滤菌器过滤。取过滤后的人血清 1ml 加入新鲜 0.154mol/L NaCl 溶液 24ml 混合。在 414nm 波长，1cm 光径，以 0.154mol/L NaCl 溶液调零点，其吸光度值应小于 0.100；在 460nm 的吸光度值应小于 0.04。

2）配制标准液的胆红素需符合下列标准　纯胆红素的三氯甲烷溶液，在 25℃条件下，光径 1.000cm± 0.001cm，波长 453nm 下摩尔吸光系数应在 60700±1600 范围内；改良 J-G 法偶氮胆红素的摩尔吸光系数应在 74380±866。

3）胆红素标准贮存液（171μmol/L）　准确称取符合要求的胆红素 10mg，加入二甲基亚砜 1ml，用玻璃棒搅拌，使成混悬液，加入 0.05mol/L 碳酸钠溶液 2ml 使胆红素完全溶解后，移入 100ml 容量瓶中，以稀释用血清洗涤数次并入容量瓶中，缓慢加入 0.1mol/L 盐酸 2ml，边加边摇（勿用力摇动，以免产生气泡）。最后以稀释用血清定容。配制过程中应尽量避光，贮存容器用黑纸包裹，置 4℃冰箱 3 天内有效，但要求配后尽快作校正曲线。

2. 仪器　可见分光光度计、离心机、恒温水浴箱。

四、操作步骤

1. 取 10mm×100mm 试管 3 支，编号，样品的测定如下操作。

加入物（ml）	总胆红素管	结合胆红素管	对照管
人血清	0.2	0.2	0.2
咖啡因-苯甲酸钠-醋酸钠试剂	1.6		1.6
对氨基苯磺酸溶液			0.4
重氮试剂	0.4	0.4	
每加一种试剂后混匀，总胆红素管置室温 10 分钟，结合胆红素管置 37℃ 10 分钟			
5.0g/L 叠氮化钠溶液		0.05	
咖啡因-苯甲酸钠-醋酸钠试剂		1.55	
碱性酒石酸钠溶液	1.2	1.2	1.2

2. 各管混匀后，在波长 600nm 处，以对照管调零，读取各管吸光度值。

3. 胆红素标准曲线制作　取 10mm×100mm 试管 5 支，如下稀释胆红素贮存液。

加入物（ml）	1管	2管	3管	4管	5管
胆红素标准贮存液	0.4	0.8	1.2	1.6	2.0
稀释用血清	1.6	1.2	0.8	0.4	
相当于胆红素浓度（μmol/L）	34.2	68.4	103	137	171

混匀（不可产生气泡），按总胆红素测定法操作，每一浓度做 3 个平行管，并分别做标准对照管，用各自的标准对照管调零，读取标准管的吸光度值。配制标准液用的溶剂血清中尚有少量胆红素，同样测定后得一吸光度值。每个标准管的吸光度值均应减去此吸光度值，然后与相应胆红素浓度绘制标准曲线。

五、结果及计算

根据各管所得吸光度值，在胆红素标准曲线上查出相应的胆红素浓度。

健康成年人血清总胆红素：5.1~19μmol/L（0.3~1.1mg/100ml）；健康成年人血清结合胆红素：1.7~6.8μmol/L（0.1~0.4mg/100ml）。

血清总胆红素的测定主要用于有无黄疸及黄疸程度的鉴别。溶血性、肝细胞性及阻塞性黄疸时均可引起血清胆红素升高。肝、胆疾病时，测定血清总胆红素浓度有助于了解肝细胞的损害程度及胆管阻塞程度。新生儿溶血症时，测定血清总胆红素有助于了解疾病严重程度。再生障碍性贫血及数种继发性贫血（主要见于癌或慢性肾炎引起）常可引起血清总胆红素减少。

结合胆红素/总胆红素的比值测定可用于鉴别黄疸的类型。当比值<20%时，常见于溶血性黄疸、阵发性血红蛋白尿、恶性贫血、红细胞增多症等；比值40%~60%时，主要见于肝细胞性黄疸。当比值>60%时，主要见于阻塞性黄疸，但以上几类黄疸之间有重叠。

六、注意事项

1. 胆红素对光敏感，标准液及标本均尽量避光保存。

2. 轻度溶血对本法无影响，但严重溶血时可使测定结果偏低。其原因是血红蛋白与重氮试剂反应形成的产物可破坏偶氮胆红素，还可被亚硝酸氧化为高铁血红蛋白而干扰吸光度测定。

3. 叠氮化钠能破坏重氮试剂，终止偶氮反应。凡用叠氮化钠作防腐剂的质控血清，可引起偶氮反应不完全，甚至不呈色。

4. 本法测定血清总胆红素，在10~37℃条件下不受温度变化的影响。呈色在2小时内非常稳定。

5. 标本对照管的吸光度值一般很接近，若遇标本量很少时可不做标本对照管，参照其他标本对照管的吸光度值。

6. 胆红素浓度大于343μmol/L的标本可减少用量，或用0.154mmol/L NaCl溶液稀释血清后重测。

7. 血脂及脂溶性色素对测定有干扰，应尽量取空腹血。

七、思考题

1. 如何进行胆红素纯度鉴定？

2. 配制胆红素标准品时，为何采用正常人混合血清？对稀释用的混合血清有何具体要求？

（熊　伟）

第四篇 综合性生物化学实验

实验四十 大肠杆菌质粒的提取与 PCR 鉴定

一、实验目的

1. 掌握碱裂解法提取质粒的方法和 PCR 的基本原理与实验技术。
2. 熟悉 PCR 产物的琼脂糖凝胶电泳鉴定法。

二、实验原理

1. 质粒 DNA 提取原理 从大肠杆菌细胞中分离质粒 DNA 的方法众多，其分离的依据可根据分子大小不同、碱基组成差异以及质粒 DNA 结构的特点进行。目前常用的分离方法有碱裂解法（又称碱变性抽提法）、羟基磷灰石柱色谱法、质粒 DNA 释放法、酸酚法、两相法以及溴乙锭−氯化铯密度梯度离心法等。以上方法各有利弊，总结多数实验室的实践经验，通常认为碱裂解法效果良好、经济且收获率较高，是一种使用较广泛的制备质粒 DNA 的方法，也是当今分子生物学研究中的常规方法。制备的质粒 DNA 可进一步用于酶切、连接、转化以及 PCR 等操作。

本实验采用碱裂解法微量制备质粒 DNA。其基本原理是在 NaOH 和 SDS（十二烷基硫酸钠）的作用下破除细胞壁，使 DNA 释放出来；同时在强碱条件下，DNA 变性成单链，当加入冰醋酸溶液适当中和 pH 时，质粒 DNA 能很好地复性并留在溶液中，而基因组 DNA 和大分子 RNA 仍为单链，并以蛋白质−SDS 复合物形式被高浓度的盐沉淀；质粒 DNA 进一步用苯酚：三氯甲烷抽提去除蛋白质后，再用乙醇沉淀上清液中的质粒 DNA，并溶解于低离子强度的 TE 缓冲液后，加适量 RNase A 降解残留的 RNA。

2. PCR 原理 聚合酶链反应（polymerase chain reaction，PCR）类似于天然的复制过程，用于体外扩增位于两段已知序列之间的 DNA 区段（靶序列），其原理是在模板 DNA 及引物存在的条件下，由 Taq DNA 聚合酶催化 4 种脱氧核糖核苷酸的酶促合成反应。反应中使用两段化学合成的寡核苷酸作为引物，分别与模板 DNA 两条链互补，待扩增片段的序列位于两条引物之间。PCR 扩增包括 3 个步骤：①变性，通过加热使 DNA 双螺旋的氢键断裂，双链解离成单链 DNA；②退火，当温度降低时，由于模板分子结构较引物要复杂得多，而且反应体系中引物 DNA 的量远远多于模板 DNA 的量，使引物和其互补的模板在局部形成杂交链，而模板 DNA 双链之间互补的机会较少；③延伸，在 DNA 聚合酶、4 种脱氧核糖核苷三磷酸底物及 Mg^{2+} 存在的条件下，聚合酶催化以引物为起始点的 $5' \rightarrow 3'$ 方向的 DNA 链延伸反应。通过变性、退火和延伸的 1 个循环可以使靶序列数量增加 1 倍。由于每次扩增的产物又作为下一次扩增的模板，因此，反应产物的量以指数形式增长，1分子的模板 DNA 经过 n 个循环理论上可得到 2^n 个分子拷贝产物。

本实验所提取的质粒为 pUC18，全长 2686bp，待扩增序列即目的片段长度为 123bp（5′-GTTTTCCCAGTCACGACGTTGTAAAACGACGGCCAGTGCCAAGCTTGCATGCCTGCAGGTCGACTCTAGAGGATCCCCGGGTACCGAGCTCGAATTCGTAATCATGGTCATAGCTGTTTCCTG-3′）。

3. 琼脂糖凝胶电泳原理　琼脂糖凝胶电泳原理见实验二十六。

质粒 DNA 的存在形式有 3 种：①共价闭环 DNA，常以超螺旋形式存在；②开环 DNA，此种质粒 DNA 两条链中有一条发生一处或多处断裂；③线性 DNA，因质粒 DNA 的两条链在同一处断裂而造成。这 3 种形式的质粒 DNA 在电泳时的泳动速度不同：超螺旋 DNA>线性 DNA>开环 DNA。

三、试剂和仪器

1. 试剂

（1）含 pUC18 的 *E. coli* DH-5α 转化菌。

（2）LB（Luria-Bertani）液体培养基　称取胰化蛋白胨（bacto-tryptone）10g，酵母抽提物（bacto-yeast extract）5g，NaCl 10g，加去离子水至 800ml，搅拌，使溶质完全溶解，用 5mol/L NaOH（约 0.2ml）调节 pH 值至 7.4，加去离子水至总体积为 1000ml，高压蒸气灭菌 20 分钟。

（3）氨苄西林溶液　称取未开封氨苄西林 0.5g，加入灭菌蒸馏水 5ml，配制成 100mg/ml 溶液，过滤除菌，-20℃ 分装保存。

（4）溶液Ⅰ　50mmol/L 葡萄糖、10mmol/L EDTA、25mmol/L Tris-HCl（pH 8.0），配制溶液 100ml，高压灭菌。

（5）溶液Ⅱ（新鲜配制）　0.2mol/L NaOH，1% SDS，临用前配制。例如用前取 400μl 双蒸水、50μl 2mol/L NaOH，50μl 10% SDS 混匀即可。

（6）溶液Ⅲ　称取 29.4g 醋酸钾，加入 11.5ml 冰醋酸，加双蒸水至 100ml，高压灭菌。

（7）95% 乙醇及 70% 乙醇　用前 -20℃ 冰箱中预冷。

（8）TE 缓冲液　10mmol/L Tris-HCl（pH 8.0），1mmol/L EDTA（pH 8.0）。

（9）溴乙锭（10mg/ml）　以 0.5×TBE 电泳缓冲液溶解溴乙锭。

（10）1.5% 琼脂糖凝胶　称取 1.5g 琼脂糖，加 100ml 0.5×TBE 电泳缓冲液，煮沸至琼脂糖完全溶解，待用。若放置后凝固，加热溶解即可再用。

（11）5×TBE 电泳缓冲液　称取 Tris 13.5g、硼酸 6.9g、EDTA 0.9g，用双蒸水定容至 250ml。

（12）6×凝胶加样缓冲液　0.25% 溴酚蓝，40%（W/V）蔗糖溶于水中，4℃ 保存。

（13）TaKaRa M13 引物 RV（5′-CAGGA AACAG CTATG AC-3′）　稀释前 12000 转/分钟离心 30 秒，加入去离子水 30μl，混匀，-20℃ 保存，使引物终浓度为 5μmol/L。

（14）TaKaRa M13 引物 m4（5′-GTTTT CCCAG TCACG AC-3′）　稀释前 12000 转/分钟离心 30 秒，加入去离子水 30μl，混匀，-20℃ 保存，使引物终浓度为 5μmol/L。

（15）其他试剂　DNA 标准物（marker）（100～1000bp）、苯酚：三氯甲烷（V/V，1:1）、标准 pUC18 DNA、RNase A 溶液（1mg/ml，-20℃ 保存）。

2. 仪器　高速冷冻离心机、旋涡混合器、1.5ml 离心管、PCR 管、真空干燥器、空气恒温振荡器、PCR 仪、电泳仪、电泳槽、紫外检测仪。

四、操作步骤

1. 质粒 DNA 的提取（碱裂解法）

（1）在转化菌 *E.coli* DH-5α／pUC18 的 LB 平板上，挑取单个蓝色菌落，接种于 5ml 含氨苄西林（100μg/ml）的 LB 液体培养基中，37℃剧烈振荡过夜。

（2）将 1.5ml 上述培养物移至 1.5ml EP 管中，12000 转/分钟离心 30 秒。倒掉上清液，用滤纸条吸干管壁液体。

（3）将细菌沉淀悬浮于 100μl 冰预冷的溶液 I 中，在旋涡混合器上强烈振荡混匀。

（4）加入 200μl 溶液 II，盖严管盖颠倒 EP 管 5 次，以混合内容物，不要强烈振荡，放置冰上 5 分钟。

（5）加入 150μl 冰预冷的溶液 III，可将管盖朝下温和颠倒混合 5 次，置冰浴中 5 分钟。4℃离心（12000 转/分钟）5 分钟，取上清液移至一个新 EP 管中。

（6）加入等体积苯酚：三氯甲烷（1∶1）振荡混匀，4℃离心（12000 转/分钟）2 分钟，取上清液移至另一个 EP 管中。

（7）加入 2 倍体积 95% 乙醇（室温），振荡混匀，室温下放置 2 分钟（不要在 -20℃沉淀，否则有较多盐析出）。4℃离心（12000 转/分钟）5 分钟。

（8）倒去上清液，加入预冷的 70% 乙醇 400μl，振荡漂洗出沉淀，4℃离心（12000 转/分钟）2 分钟。

（9）倒去上清液，用消毒的滤纸条小心吸净管壁上的乙醇水珠，将管倒置在滤纸上，使乙醇液流尽，沉淀物于真空干燥器中抽干 2 分钟。

（10）将沉淀溶于 50μl TE（pH 8.0）缓冲液中，加 RNase A 1μl，混匀，-20℃保存。此为提取的质粒，可进行下述鉴定。

2. 质粒 DNA 的 PCR 鉴定

（1）配制 PCR 反应体系（以 25μl 体积计算）　取 3 支 PCR 管，分别标记为样品管、阳性对照管和阴性对照管，如下操作。

PCR 反应体系（μl）	样品管	阳性对照管	阴性对照管
10×PCR 反应缓冲液	2.5	2.5	2.5
dNTP（每种 2.5mmol/L）	2.0	2.0	2.0
正向引物（5μmol/L）	2.0	2.0	2.0
反向引物（5μmol/L）	2.0	2.0	2.0
模板 DNA（提取的质粒）	1.0		
标准 pUC18 DNA（5ng/μl）		1.0	
Taq DNA 聚合酶（5U/μl）	0.3	0.3	0.3
去离子水	15.2	15.2	16.2

把装有上述试剂的 PCR 管在旋涡混合器上做短暂混合，离心（12000 转/分钟）15 秒，使液体沉至管底。

（2）输入反应程序　在进行 PCR 扩增以前必须确定反应程序，并且将反应程序输入 PCR

仪。一个完整的 PCR 扩增程序主要包括循环前的变性、由变性−退火−延伸组成的循环反应和循环后的延伸等步骤。本实验的扩增程序为：94℃变性 5 分钟后进入循环扩增，94℃变性 30 秒，48℃退火 30 秒，72℃延伸 30 秒。重复 25 个循环后，于 72℃再延伸 10 分钟。

（3）扩增反应 把 PCR 反应管放入 PCR 仪，按仪器操作要求启动扩增程序。反应结束后，将 PCR 反应管离心（12000 转/分钟）15 秒，取扩增产物进行电泳分析（也可将 PCR 产物置 4℃冰箱保存待鉴定）。

3. PCR 产物的琼脂糖凝胶电泳鉴定

（1）1.5%的琼脂糖凝胶板的制备 ①称取 1.5g 琼脂糖，加电泳缓冲液（0.5×TBE）100ml，微波炉加热溶解。待凝胶冷却至 50~60℃后（手感能耐受），加溴乙锭 5μl（终浓度为 0.5μg/ml），混匀后迅速倒入已备好的制胶器内，厚度为 3~5mm。室温放置 10~30 分钟，使其凝固。②小心取出梳子，将凝胶板置于电泳槽中，倒入 0.5×TBE 电泳缓冲液，使液面高于凝胶 1~2mm。

（2）加样 分别取各 PCR 反应管扩增产物 10μl，各加 2μl 6×凝胶加样缓冲液，混匀，加入点样孔中。

（3）电泳 接通电源线，开启电源开关，调电压为 10V/cm，电泳时间约 20 分钟。

（4）观察结果 将凝胶板放在紫外检测仪的玻璃平板上，通过防护屏观察紫外灯透射的结果，可见橘红色荧光 DNA 条带。

五、结果及计算

观察拍照，并根据条带的位置和条带数目分析 PCR 扩增结果。

六、注意事项

1. 应在实验前 2 日划线接种细菌，实验前 1 日进行单菌落液体培养，并注意无菌操作。

2. 加入溶液 Ⅰ 时可用力振荡，而加入溶液 Ⅱ 5 分钟后，如溶液不变黏稠（用移液嘴沾吸没有丝状物出现），则应终止实验。检查使用的试剂是否正确，加量是否正确。

3. 溶液 Ⅱ 应临用前用母液配制。

4. 溴乙锭是 DNA 的诱变剂，也是极强的致癌物，配制和使用过程中要小心，操作时一定要戴手套，用过的手套要及时把手套顺手翻过来，让污染有溴乙锭的面朝里，沾有溴乙锭的物品不能随意丢弃，需投入指定地点，处理后才可舍弃。

5. 紫外线对眼睛有伤害，观察时注意防护。

七、思考题

1. 试述碱裂解法提取质粒 DNA 的原理及优缺点。

2. PCR 具有超敏感性的特点，极微量的污染便可导致假阳性结果。如何保证实验中绝对安全无污染？

（栗学清）

实验四十一　口腔拭子基因组 DNA 提取（试剂盒法）及琼脂糖凝胶电泳检测

一、实验目的

1. 学习并掌握口腔拭子（试剂盒法）提取基因组 DNA 的原理和方法。
2. 掌握琼脂糖凝胶电泳检测 DNA 的技术。

二、实验原理

本实验所用口腔拭子基因组提取试剂盒是利用特异性结合 DNA 的离心吸附柱和独特的缓冲液系统吸附和洗脱基因组 DNA。离心吸附柱中采用的硅基质材料能高效、专一吸附 DNA，可最大限度去除蛋白质及细胞中其他有机化合物。提取的基因组 DNA 片段大，纯度高，质量稳定可靠。

琼脂糖凝胶电泳是检测核酸常用的方法，可用于分离、鉴定和纯化 DNA 片段，其原理见实验二十六。

三、试剂和仪器

1. 试剂

（1）试剂盒组成　缓冲液 GA 30ml、缓冲液 GB 30ml、缓冲液 GD 13ml、漂洗液 PW 15ml、洗脱缓冲液 TB 15ml、蛋白酶 K 1ml、吸附柱 CR2 50 个、收集管（2ml）50 个和 1.5ml 无菌离心管 50 个。使用前请先在缓冲液 GD 和漂洗液 PW 中加入无水乙醇，加入体积请参照瓶上的标签。

（2）10mg/ml EB　称取 1.0g 溴乙锭，加入 100ml 三蒸水混匀。

（3）6×点样缓冲液　0.25% 溴酚蓝+40% 蔗糖。

（4）50×TAE 电泳缓冲液贮存液（1L）　242g Tris，57.1ml 冰醋酸，100ml 0.5mol/L EDTA（pH 8.0），用蒸馏水定容至 1L。临用前稀释 50 倍。

（5）其他试剂　无水乙醇、DNA 分子量标准（λDNA/*Hind* Ⅲ）。

2. 仪器　离心机、电泳仪、水浴箱、紫外灯。

四、操作步骤

1. 基因组 DNA 的提取

（1）取样　用棉签在口腔内擦拭 10 次。

（2）处理材料　将在口腔内擦拭过的棉签转置于 2ml 离心管中，用剪刀将多余的杆减掉，加入 400μl 缓冲液 GA。

（3）加入 20μl 蛋白酶 K 溶液，涡旋 10 秒混匀，56℃放置 60 分钟，其间每 15 分钟涡旋混匀数次。

（4）加入 400μl 缓冲液 GB，充分颠倒混匀，70℃放置 10 分钟。此时溶液应变清亮，简短离心，以去除管盖内壁的液滴，然后挤压去除拭子，将尽可能多的裂解液转移至新的离心管中。

（5）加 200μl 无水乙醇，充分颠倒混匀，简短离心，以去除管盖内壁的液滴。

（6）将上一步所得溶液和絮状沉淀都加入一个吸附柱 CR2 中（吸附柱 CR2 放入收集管中），12000 转/分钟（约 13400g）离心 70 秒，倒掉收集管中的废液，将吸附柱 CR2 收集管中。

（7）向吸附柱 CR2 加入 500μl 缓冲液 GD（使用前请先检查是否已加入无水乙醇），12000 转/分钟（约 13400g）离心 70 秒，倒掉收集管中的废液，将吸附柱 CR2 放回收集管中。

（8）向吸附柱 CR2 中加入 700μl 漂洗液 PW（使用前请先检查是否已加入无水乙醇），12000 转/分钟（约 13400g）离心 70 秒，倒掉收集管中的废液，将吸附柱 CR2 放回收集管。

（9）向吸附柱 CR2 中加入 500μl 漂洗液 PW，12000 转/分钟（约 13400g）离心 30 秒，倒掉收集管中的废液。

（10）将吸附柱 CR2 放回收集管中，再 12000 转/分钟（约 13400g）离心 2 分钟，倒掉废液。将吸附柱 CR2 室温放置数分钟，以彻底晾干吸附材料中残余的漂洗液。

（11）将吸附柱 CR2 转入一个干净的 1.5ml 离心管中，向吸附膜中间位置悬空滴加 20~50μl 洗脱缓冲液 TB，室温放置 2~5 分钟，然后 12000 转/分钟（约 13400g）离心 2 分钟后，弃去收集管，收集 DNA 样品。

2. 基因组 DNA 的鉴定

（1）将凝胶成形模具水平放置于配胶槽中，同时将适当的梳子插入备用。

（2）称取 DNA 电泳用琼脂糖 0.8g 放入 250ml 的锥形瓶中，加入 100ml 1×TAE 缓冲液，混匀后，将烧瓶置于电炉上，加热煮沸，直至琼脂糖完全溶解。

（3）关闭电炉，取下锥形瓶，将其置室温下冷却至 60℃ 左右（手握烧瓶可以耐受），再加入溴乙锭（10mg/ml）5μl，混匀后，即将凝胶溶液倒入胶板铺板。本实验所用制胶板约需胶液 100ml。

（4）室温下待凝胶完全凝固，需时约 30 分钟，将模具从配胶槽中拿出，拔出梳齿，将胶板放入电泳槽中。

（5）在电泳槽加入 1×TAE 缓冲液，以高出凝胶表面 2mm 为宜。

（6）加样　将 10μl 收集到的 DNA 样品与 2μl 6×点样缓冲液混合均匀后，加样至凝胶的加样孔中；同时，根据带分离的片段大小选择不同分子的标准 DNA 作对照。

（7）电泳　接通电源，调节电压至 50V，电泳 90 分钟后，将凝胶板取出，在紫外灯下观察。

五、结果

电泳结果使用凝胶成像系统保存或拍照，并注明电极、标明自己的样品基因组 DNA 位置。

六、注意事项

1. DNA 提取时为了保证样本不被食物或者饮料污染，取样前 30 分钟内请勿进食和饮水。

2. 如果需要去除 RNA，可加入 4μl RNaseA（100mg/ml）溶液，振荡 15 秒，室温放置 5 分钟。

3. 加入缓冲液 GB 时可能会产生白色沉淀，一般 70℃ 放置时会消失，不会影响后续实验。如溶液未变清亮，说明细胞裂解不彻底，可能导致提取 DNA 量少和提取出的 DNA 不纯。

4. 如果由于拭子上细胞数少导致提取的基因组 DNA 少于 1μg，可以在添加缓冲液 GB 的同时添加载体 RNA。

5. 加入无水乙醇后可能会出现絮状沉淀，但不影响 DNA 提取。

6. 琼脂糖凝胶电泳鉴定中用到的溴乙锭（EB）是一种强诱变剂，有毒性，使用含有该染料的溶液时必须戴手套，注意防护。EB 是核酸的染色剂，它与 DNA 形成荧光配合物，可以确定 DNA 在凝胶中的位置。又由于荧光的强度正比于 DNA 的含量，因此也可以进行 DNA 的相对定量。

7. 制胶过程中避免气泡的产生，否则会影响电泳分离效果；若有气泡产生，需用滴管轻轻吸出。

七、思考题

1. 口腔拭子基因组提取试剂盒提取口腔基因组 DNA 的原理是什么？
2. 琼脂糖凝胶电泳中用到的溴乙锭的作用是什么？

（李春梅）

实验四十二　食物中维生素 C 的提取和含量测定

一、实验目的

1. 掌握碘量法和 2,4-二硝基苯肼法测定维生素 C 含量的原理和方法。
2. 了解维生素 C 的生理功能及富含维生素 C 的食品种类。

二、实验原理

维生素 C 是人类营养中最重要的维生素之一，它是具有 L 型糖构型的不饱和多羟化合物，属于水溶性维生素。维生素 C 在生物体氧化还原代谢过程中起着重要的调节作用，缺乏时会得坏血病，因此又称为抗坏血酸。维生素 C 分布很广，植物的绿色部分及许多水果（橘类、草莓、山楂、辣椒等）的含量更为丰富。

维生素 C 具有很强的还原性，易被氧化成脱氢维生素 C。脱氢维生素 C 仍保留维生素 C 的生物活性，在动物组织内被谷胱甘肽等还原成维生素 C。食物中的总维生素 C 包括还原型和氧化型两种形式。维生素 C 的测定方法主要有滴定法、分光光度法、色谱法等。在滴定法中，碘滴定法是一种常用的测定果蔬中维生素 C 含量的方法，此法操作简单、准确。在分光光度法中，2,4-二硝基苯肼法较为经典。

1. 碘滴定法　维生素 C 具有还原性，能将碘（I_2）还原成 I^-，碘（I_2）和淀粉发生显色反应而变成蓝色，但 I^- 不能和淀粉发生显色反应。在维生素 C 和淀粉的混合溶液中，I_2 与维生素 C 优先反应，再与淀粉反应。滴定反应以淀粉为指示剂，滴定终点时溶液由无色变为蓝色。

2. 2,4-二硝基苯肼法　此法可测定总维生素 C 的含量，总维生素 C 包括还原型、氧化型和二酮古洛糖酸。维生素 C 易被氧化成氧化型维生素 C，在 pH>5 时，氧化型维生素 C 可将其分子构造重新排列使其内酯环裂开，生成没有活性的二酮古洛糖酸。2,4-二硝基苯肼法测定维生素 C 含量的原理是先将样品中还原型维生素 C 经活性炭氧化成氧化型维生素 C，进而生成二酮古洛糖酸，氧化型维生素 C 和二酮古洛糖酸都能与 2,4-二硝基苯肼作用生成脎，脎呈红色，其生成量与维生素 C 含量成正比，将红色的脎溶于硫酸，进行比色，由标准曲线计算样品中总维生素 C 含量。

三、试剂和仪器

1. 试剂 西红柿、白菜、橘子、苹果、青椒等。

（1）碘滴定法

1）碘液 称量 5g 碘化钾，0.64g 碘单质，溶于 100ml 蒸馏水，混合均匀，即得 0.01mol/L 的碘液。

2）维生素 C 标准溶液 在锥形瓶中加入 100ml 蒸馏水，将 100mg 维生素 C 加入锥形瓶内振荡溶解，并用草酸调节溶液 pH＝3。

3）其他试剂 2% 草酸溶液、2% 淀粉溶液。

（2）2,4-二硝基苯肼法

1）4.5mol/L 硫酸 谨慎地将 250ml 浓硫酸（相对密度 1.84）缓慢加入 700ml 蒸馏水中，冷却后用蒸馏水稀释至 1000ml。

2）85% 硫酸 谨慎地将 900ml 浓硫酸（相对密度 1.84）加入 100ml 蒸馏水中。

3）2,4-二硝基苯肼溶液（20g/L） 将 2g 2,4-二硝基苯肼溶解于 100ml 4.5mol/L 的硫酸中，过滤，4℃保存，每次用前必须过滤。

4）维生素 C 标准溶液（1mg/ml） 精确称取维生素 C 100mg，以 1% 草酸溶液溶解并定容至 100ml。

5）1% 硫脲 将 5g 硫脲溶解于 1% 草酸溶液 500ml 中。

6）2% 硫脲 将 10g 硫脲溶解于 1% 草酸溶液 500ml 中。

7）其他试剂 2% 草酸溶液、1% 草酸溶液、1mol/L 盐酸、活性炭。

2. 仪器

（1）碘滴定法 酸式滴定管的滴定装置、天平、研钵、纱布、pH 试纸。

（2）2,4-二硝基苯肼法 可见光分光光度计、高速组织捣碎机、恒温水浴箱、天平。

四、操作步骤

（一）碘滴定法测定维生素 C 含量

1. 样品制备 用天平称取去皮橘子 50g，置于研钵中，加入 5ml 2% 草酸溶液，研磨约 5 分钟，研磨成匀浆，用纱布过滤，滤液用草酸定容至 30ml，备用。

2. 滴定

（1）维生素 C 标准溶液的测定 取 10ml 维生素 C 标准溶液于锥形瓶中，加入 2% 淀粉溶液 1ml，用碘液滴定至蓝色出现并且 30 秒内不褪色，记录所用碘液的体积（$V_{标准}$）。重复 1 次，取两次平均值。

（2）样品维生素 C 的测定 取上述橘子提取液 10ml 于锥形瓶中，加入 2% 淀粉溶液 1ml，用碘液滴定至蓝色出现并且 30 秒内不褪色，记录所用碘液的体积（$V_{样品}$）。重复 1 次，取两次平均值。

3. 不同样品维生素 C 含量的比较

（1）样品处理，用天平称量 50g 去皮水果或蔬菜，置于研钵中，加入 3ml 草酸溶液，研磨 5 分钟，研磨成匀浆，用纱布过滤，滤液备用。

（2）分别取 6 支试管，标号后分别滴入 30 滴 2% 淀粉溶液和 1 滴碘液，混匀。

（3）在 1~5 号试管中，分别滴加 1 种果蔬样品提取液，观察颜色变化，并记录试管中溶液由蓝色变为无色需要滴加的果蔬样品提取液的滴数，第 6 支试管用蒸馏水做空白对照。

试剂（滴）	试 管 号					
	1	2	3	4	5	6
2% 淀粉溶液	30	30	30	30	30	30
碘液	1	1	1	1	1	1
样品提取液	橘子汁	苹果汁	青椒汁	西红柿汁	白菜汁	蒸馏水
现象	蓝色褪去	蓝色褪去	蓝色褪去	蓝色褪去	蓝色褪去	蓝色不变
所用滴数	滴	滴	滴	滴	滴	空白

（二）2,4-二硝基苯肼法测定维生素 C 含量（也可参考实验三十四）

1. 样品的制备　取橘子（或其他蔬菜水果）25g 于高速组织捣碎机内，加入 2% 草酸溶液 100ml 捣碎成匀浆，取 10g 匀浆倒入 100ml 容量瓶中，用 1% 草酸溶液稀释至刻度，混匀。将所得溶液过滤，弃去最初数毫升滤液（润洗烧杯），滤液备用。

2. 氧化处理　取 25ml 上述滤液，加入 2g 活性炭，振荡 1 分钟，过滤，弃去最初数毫升滤液，取 10ml 此氧化提取液，加入 10ml 2% 硫脲溶液，混匀，制成稀释液。

3. 显色反应　于 3 个试管中各加入 4ml 稀释液，一个试管作为空白对照，其余试管中加入 1ml 2,4-二硝基苯肼溶液，将所有试管放入 37℃±0.5℃ 水浴中，保温 3 小时后取出。除空白管外，取出的其他各试管直接放入冰水中，空白管取出后使其冷却至室温，然后加入 1ml 2,4-二硝基苯肼溶液，在室温中放置 10~15 分钟后再放入冰水内。

4. 脲的溶解　当空白管放入冰水后，向每一试管中加入 5ml 85% 硫酸，滴加时间至少需要 1 分钟，需边加边摇动试管。将试管自冰水中取出，在室温放置 30 分钟后，以空白液调零点，在 500nm 波长处测定吸光度值。

5. 标准曲线的绘制　加 2g 活性炭于 50ml 维生素 C 标准溶液中，振荡 1 分钟，过滤。取 10ml 滤液放入 500ml 容量瓶中，加 5g 硫脲，用 1% 草酸溶液稀释至刻度，维生素 C 浓度为 20μg/ml。取 5ml、10ml、20ml、25ml、40ml、50ml、60ml 稀释液，分别加入 7 个 100ml 容量瓶中，用 1% 硫脲溶液稀释至刻度，使最后稀释液中维生素 C 的浓度分别为 1μg/ml、2μg/ml、4μg/ml、5μg/ml、8μg/ml、10μg/ml、12μg/ml。按样品测定步骤形成脲并比色，以吸光度值为纵坐标，以维生素 C 浓度（μg/ml）为横坐标绘制标准曲线。

五、结果及计算

1. 碘滴定计算维生素 C 的含量　根据橘子（或其他蔬菜水果）的重量及滤液体积计算每 100g 橘子中维生素 C 的含量。计算公式：

$$10mg/V_{标准} = W_{样品}（mg）/V_{样品}$$

$$100g 橘子中维生素 C 的含量 = 2 \times W_{样品} V_{50g橘子所得滤液总体积}/V_{样品}$$

式中，$V_{标准}$ 为滴定标准维生素 C 溶液所用的碘液的体积；$V_{样品}$ 为滴定样品提取液所用的碘液的体积。

2. 2,4-二硝基苯肼法测定维生素 C 含量

$$X = \frac{cV}{m} \cdot F \times \frac{100}{1000}$$

式中，X 为样品中总维生素 C 含量，$mg/100g$；c 为由标准曲线查得或由回归方程算得"样品氧化液"中总维生素 C 的浓度，$\mu g/ml$；V 为样品用 1% 草酸溶液定容的体积，ml；F 为样品氧化处理过程中的稀释倍数；m 为样品质量，g。

六、注意事项

1. 在食物的研磨过程中，要尽可能地研磨充分。

2. 在用纱布过滤时，要尽可能地使研磨液过滤到烧杯中。

3. 在研磨前应在研钵中加入少量草酸，防止在研磨时食物中的维生素 C 被空气氧化，而致使测得的食物中的维生素 C 含量偏低。

4. 在进行碘滴定时，当看到红棕色出现时注意放慢滴定的速度，以显蓝色并且在 30 秒内不褪色为滴定终点。

5. 处理活性炭时 Fe^{3+} 检查法：取活性炭洗涤滤液少许，加数滴 5% 亚铁氰化钾，若不出现蓝色，表示无 Fe^{3+}。

七、思考题

1. 为防止在研磨时食物中的维生素 C 被空气氧化，应该怎样操作？

2. 若在滴定时加入碘溶液过量，应怎样处理？

3. 在加入硫酸显色时，应注意哪些问题？

4. 是否还有其他方法可以测定食物中维生素 C 的含量？

（赵　乐）

实验四十三　血清 γ-球蛋白的分离、纯化与鉴定

一、实验目的

1. 掌握盐析-色谱法提纯血清 γ-球蛋白的原理和技术。

2. 熟悉电泳比较法定性 γ-球蛋白的方法。

3. 了解扫描定量 γ-球蛋白的方法。

二、实验原理

蛋白质的分离、纯化是研究蛋白质化学性质及生物学功能的重要手段。根据不同蛋白质的分子量、溶解度以及在一定条件下带电荷性状的差异，可用来分离、纯化各种蛋白质。

1. γ-球蛋白的分离、纯化

（1）盐析　在蛋白质溶液中加入大量中性盐，以破坏蛋白质的胶体性质，使蛋白质从水溶液中沉淀析出，称为盐析。常用的中性盐有硫酸铵和硫酸钠等。由于各种蛋白质分子的颗粒大小和亲水程度不同，故盐析所需的盐浓度也不同，因此，调节盐的浓度可使不同的蛋白

质沉淀，从而达到分离的目的。清蛋白与球蛋白的性质不同，故可用盐析法对血清蛋白质进行初步分离。例如在半饱和硫酸铵溶液中，清蛋白不沉淀，球蛋白沉淀，通过离心所得的沉淀即是球蛋白混合物；在饱和的硫酸铵溶液中清蛋白可沉淀。盐析沉淀出的蛋白质加水降低盐浓度可以复溶。

（2）脱盐　盐析分离的球蛋白混合物中含有大量的无机盐，必须先脱盐后才能进一步纯化，脱盐有多种方法，本实验采用葡聚糖凝胶过滤（详见第二篇　色谱技术）。

（3）纯化　已脱盐的蛋白质溶液常用离子交换色谱进一步纯化。离子交换是指溶液中的离子和离子交换剂上的离子进行可逆地交换过程。离子交换剂品种较多，本实验采用的 DEAE 纤维素是一种阴离子交换剂，在偏酸环境中带正电荷，溶液中带负电荷的离子可以与其结合，带正电荷的离子则不能结合。这样就可以达到分离纯化的目的。蛋白质是两性电解质，在 pH 6.5 时 α-球蛋白、β-球蛋白皆带负电荷（α-球蛋白及 β-球蛋白等电点均小于 pH 6.0），能与带正电荷的 DEAE 纤维素结合。而 γ-球蛋白带正电荷（等电点为 pH 7.3），不与 DEAE 纤维素结合，因而在溶液中只留下 γ-球蛋白，首先从色谱柱中洗脱出来，收集得到的即是纯化的 γ-球蛋白。

（4）浓缩　浓缩的方法有多种，本实验借助葡聚糖凝胶富含羟基、善吸水、其表面的多孔网状结构允许小分子物质进入、不允许大分子物质进入的特性，在样品溶液中酌情加少量凝胶，可以浓缩蛋白质。

2. 鉴定

（1）定性分析　在相同电泳条件下，同种蛋白质的迁移率相同。用血清蛋白醋酸纤维素薄膜电泳为对照，即可比较鉴定出所分离蛋白质的种类和纯度。血清蛋白醋酸纤维素薄膜电泳将血清蛋白分为清蛋白、$α_1$-球蛋白、$α_2$-球蛋白、β-球蛋白及 γ-球蛋白五条区带。提纯的 γ-球蛋白醋酸纤维素薄膜电泳则呈现一条区带，且位于血清蛋白电泳的 γ-球蛋白位置。

（2）定量分析　将电泳后的透明薄膜放入自动扫描吸光度仪内扫描定量 γ-球蛋白。正常血清蛋白各组分的含量如下。

蛋白质种类	正常值
清蛋白	60% ~ 70%
$α_1$-球蛋白	2% ~ 3.5%
$α_2$-球蛋白	4% ~ 7%
β-球蛋白	9% ~ 11%
γ-球蛋白	12% ~ 18%

三、试剂和仪器

1. 试剂

（1）饱和硫酸铵溶液　称取固体硫酸铵850g加到1000ml 蒸馏水中。在70~80℃下搅拌促溶。室温下放置过夜，瓶底析出白色晶体，上清液即为饱和硫酸铵溶液。

（2）0.3mol/L 醋酸铵（NH_4Ac）（pH 6.5）溶液　称取 NH_4Ac 23.11g，加蒸馏水约800ml 溶解之。用 pH 计检测，在电磁搅拌下用稀氨水或醋酸溶液准确调节 pH 至 6.5，再加蒸馏水至 1000ml。

（3）0.02mol/LNH₄Ac（pH 6.5）溶液　量取配制好的 0.3mol/L NH₄Ac（pH 6.5）溶液，用蒸馏水做 15 倍稀释。

（4）1.5mol/L NaCl – 0.3mol/L NH₄Ac 溶液　称取 NaCl 87.7g 加 0.3mol/L NH₄Ac（pH 6.5）溶液溶解，定容至 1000ml。

（5）巴比妥钠缓冲液（pH 8.6，离子强度 0.06）　称取巴比妥 1.66g，巴比妥钠 12.76g，加蒸馏水溶解，定容至 1000ml。

（6）染色液（任选其一）　①称取氨基黑 10B 1g，三氯醋酸 13.4g，磺基水杨酸（磺柳酸）13.4g，加蒸馏水溶解，定容至 1000ml；②称取丽春红 2R 0.8g，溶于 6% 三氯醋酸 100ml 中。

（7）透明液　冰醋酸 25ml 加 95% 乙醇 75ml（注意：若冰醋酸量过多，会使醋酸纤维素薄膜成软胶胨状或皱缩变形）。

（8）其他试剂　兔血清、0.5mol/L HCl 溶液、0.5mol/L NaOH 溶液、20% 磺基水杨酸溶液、5% 醋酸钡溶液、2.5% 醋酸溶液。

2. 仪器　离心机、色谱柱及填料、电泳仪及电泳槽、自动扫描分光光度仪、醋酸纤维素薄膜、点样器、天平。

四、操作步骤

1. 色谱柱的准备

（1）Sephadex G-25 色谱柱

1）凝胶的处理　称取 Sephadex G-25 6g 于烧杯中，加水 100ml，置沸水浴中加热 1 小时，或在室温浸泡 24 小时，使其充分吸水膨胀，再用蒸馏水洗两次。

2）装柱　将色谱柱（2cm×40cm）垂直固定在铁架台上，关紧下端出口。加 0.02mol/L NH₄Ac（pH 6.5）约 10ml 左右，再缓慢、均匀加入已膨胀好的凝胶混悬液，同时打开下端出口，使液体缓慢流出，凝胶加至床容积 25ml 左右。凝胶床内不得有气泡、断层，胶床表面应平整，在整个色谱过程中应始终位于液面之下。柱装好后，用 3 倍柱床体积的 0.02mol/L NH₄Ac（pH 6.5）洗涤平衡。

3）再生与保存　此凝胶柱可反复使用。每次用后以所需的缓冲液洗涤平衡后即可再用。久用后，若凝胶床表面有沉淀物等杂质滞留，可将表层凝胶粒吸弃，再添补新的凝胶，若凝胶床出现气泡或流速明显减慢，应将凝胶粒倒出，重新装柱。为防止凝胶霉变，暂不用时应用含 0.02% NaN₃ 的缓冲液洗涤后放置。久不用时宜将凝胶由柱内倒出，加 NaN₃ 至 0.02%，湿态保存于 4℃，严防低于 0℃ 冻结损坏凝胶粒。

（2）DEAE-纤维素离子交换色谱柱

1）酸碱处理　称取 DEAE-纤维素（DEAE-52 3.0g 或 DEAE-22 1.5g）加 0.5mol/L HCl 45ml 搅拌，浸泡 30 分钟后倾去 HCl，用水洗至中性，用 0.5mol/L NaOH 45ml 浸泡 30～60 分钟，倾弃上层液体，再用蒸馏水洗至中性（pH=7.0）。

2）平衡、装柱（1cm×20cm）　上柱前经酸碱处理过的 DEAE-纤维素加 0.02mol/L NH₄Ac（pH 6.5）约 200ml，再用 1mol/L 醋酸调至 pH 6.5，搅匀后平衡过夜。装柱时，倾弃上清液，将浓浆状的纤维素一次倾入柱中，使其自然沉降（注意：不要有气泡产生），装成高约 10cm 的柱床。进一步用 0.02mol/L NH₄Ac（pH 6.5）流洗平衡，至流出液 pH 为 6.5。

3）再生与保存　纤维素柱做过一次样品分离后，可用 1.5mol/L NaCl-0.3mol/L NH₄Ac 流洗。溶液中的盐类降低离子交换剂的离子基团和蛋白质的相反电荷基团间的静电吸引，使蛋白质从纤维素上脱离，直到流出液中不含蛋白质为止（0.06mol/L NH₄Ac 可洗脱下 β-球蛋白和部分 α-球蛋白；0.3mol/L NH₄Ac 可洗脱下清蛋白）。再用 0.02mol/L NH₄Ac（pH 6.5）平衡即可重复使用。若柱床顶部有洗脱不下来的杂质，应将顶层的纤维素吸弃。若多次使用后杂质较多或流速过慢，应将纤维倒出，先用 1.5~2mol/L NaCl 浸泡，水洗，再如上述用酸处理后重新装柱。如暂不使用，DEAE-纤维素应以湿态（在柱中或倒出）保存在含 1% 正丁醇的缓冲液中，以防霉变。

2. 血清 γ-球蛋白的分离、纯化

（1）硫酸铵盐析　血清 1.0ml，边摇边缓慢滴入饱和硫酸铵 1.0ml，混匀后室温静置 10 分钟，再 3500 转/分钟离心 10 分钟。轻轻取出，倾倒去上清液（用滴管仔细地吸弃上清液）。沉淀加 0.02mol/L NH₄Ac（pH 6.5）0.4ml 溶解，留作进一步纯化（称粗蛋白溶液）。

（2）凝胶过滤除盐　Sephadex G-25 色谱柱经 0.02mol/L NH₄Ac（pH 6.5）洗流平衡后，放弃多余的缓冲液，当液面下降到略高于凝胶床表面时，关闭下端出口。用滴管吸取粗蛋白溶液加到凝胶床表面，加样时应注意勿将凝胶冲起或破坏凝胶床表面的平整。打开下端出口，使样品进入凝胶床，用相同缓冲液 2~3ml 冲洗沾在柱壁上的样品，如此重复 3 次。然后，可上大量的平衡缓冲液洗脱，流速控制在 15~25 滴/分钟。

洗脱开始后用小试管连续收集流出液，每收集 1ml 换一支试管，为随时检查流出液中是否含有蛋白质，可另取小试管若干支，分别加入 20% 磺基水杨酸 2 滴，取各管收集的流出液 1 滴，若流出液与磺基水杨酸接触出现白色沉淀或浑浊，说明已有蛋白质流出。视白色沉淀的多少估计各管中的蛋白质浓度，合并蛋白质含量高的各管，留待 DEAE-纤维素纯化（其中留出少许做电泳鉴定使用）。

洗脱完蛋白质的凝胶柱，用相同缓冲液继续流洗，以洗净其中残留的小分子硫酸铵，可用醋酸钡检测硫酸根离子。取流出液 2 滴于试管中，加 1 滴 5% 醋酸钡，若有硫酸根离子就会出现白色沉淀或浑浊，应继续流洗，直至反应转阴性。

（3）DEAE-纤维素离子交换色谱　将脱盐后的球蛋白溶液加于纤维素柱上（方法同凝胶过滤），用 0.02mol/L NH₄Ac（pH 6.5）缓冲液洗脱，流速 10~15 滴/分钟，用中试管连续收集流出液（约 1ml/管），并用 20% 磺基水杨酸检测其中是否有蛋白质（方法同前）。用该缓冲液洗脱下来的即是不被吸附的 γ-球蛋白，收集含量高的部分进行浓缩，并进一步作纯度鉴定。

用过的 DEAE-纤维素色谱柱应重新再生平衡，方可再度使用。先用 1.5mol/L NaCl-0.3mol/L NH₄Ac 洗脱其他被结合的蛋白质，直至流出液与磺基水杨酸反应转阴性；再用 0.02mol/L NH₄Ac（pH 6.5）缓冲液流洗平衡。

（4）浓缩　每毫升纯化的 γ-球蛋白溶液加 Sephadex G-25 0.2g 摇动 2~3 分钟，室温下静置 2 小时，上清液即为浓缩的蛋白质。

3. 醋酸纤维素薄膜电泳鉴定

（1）准备　取醋酸纤维素薄膜三条，浸润入 pH 8.6（离子强度 0.06）的巴比妥缓冲液中，待完全浸透后，用镊子小心地夹住薄膜边角取出，用滤纸吸去多余的缓冲液。

（2）点样　在醋酸纤维素薄膜的无光泽面，距一端 1.5~2cm 处用点样器加样品，使成一条均匀的直线。三条薄膜分别加下列样品：全血清，点样 1 次；脱盐后粗蛋白溶液，点样 3~5 次；浓缩后纯 γ-球蛋白溶液，点样 3~5 次。

（3）电泳　待样品全部吸收入薄膜后，以无光泽面向下，两端紧贴在浸透缓冲液的滤纸盐桥上，点样端置电泳槽阴极端，加盖平衡 5 分钟，开始电泳。电泳条件：电压 6~10V/cm，时间 45 分钟。

（4）染色　关闭电源后取出薄膜，浸入盛有氨基黑染色液的烧杯中，固定染色 2 分钟。然后取出放入 2.5% 醋酸溶液中进行漂洗，分别在三个烧杯中各漂洗 2 分钟，直到背景呈白色，最后在清水中漂洗一次。洗脱完放在滤纸上自然干燥。将三条薄膜并列，使点样线位于同一水平线上，以血清蛋白质电泳图谱为对照，观察提纯物质的蛋白质种类和纯度。

4. 扫描测定各蛋白质区带的百分含量

（1）薄膜透明　将完全干燥的薄膜，浸入透明液中约 20 秒，取出平贴于干净、平滑的玻璃上，注意勿残留气泡。膜干燥后，用刀片从膜的一角撬起，用手捏住撬起的一角将膜轻轻揭下，置纸中压平。

（2）扫描　透明的薄膜放入自动扫描分光光度仪内，通过透射，在记录器上自动绘出血清蛋白质各组分曲线图。横坐标为膜的长度，纵坐标为吸光度值，每个峰代表一处蛋白质组分。

（3）定量　用求积仪测量出各峰的面积；或将曲线图上各峰沿曲线剪下，称量各峰的重量；或使用带电子计算机附件的自动扫描分光光度仪扫描。

五、结果及计算

计算血清中各种蛋白质组分的百分含量。

六、注意事项

1. 凝胶柱可重复使用，每次用毕以所用的洗脱液进行洗脱，留待再用。
2. 为防止凝胶霉变，可用含 0.2g/L 叠氮化钠（NaN_3）的洗脱液进行洗脱后再放置。
3. 凝胶如需在 4℃ 冰箱保存时，严防低于 4℃ 因冻结而损坏胶粒。
4. 盐析时，向蛋白质溶液中加饱和硫酸铵的速度要慢，边加边轻轻搅拌，尽量避免产生气泡，最好在低温条件下进行。
5. 凝胶柱色谱脱盐时，凝胶要充分膨胀，装柱时要缓慢均匀，凝胶床表面要平整，且垂直于色谱柱，表面液体不能流干，加样时不能搅动凝胶柱表面。

七、思考题

1. 阐述凝胶色谱和离子交换色谱的原理。
2. 葡聚糖凝胶 G-25 色谱和 DEAE-纤维素离子交换色谱的固定相和流动相各是什么？

（栗学清）

实验四十四　脲酶的凝胶过滤提取及分离纯化

一、实验目的

掌握凝胶过滤提取及纯化蛋白质的方法和原理。

二、实验原理

凝胶过滤又称为分子筛色谱、分子筛层析。色谱、分子筛色谱柱内填满带有小孔的颗粒，一般由葡聚糖制成。蛋白质溶液加于色谱柱顶部，任其往下渗漏，小分子物质进入孔内，因而在柱中滞留时间较长，大分子蛋白质不能进入孔内而径直流出，因此得以将蛋白质进行分离。

脲酶分子量较大，达 4.9×10^5。当脲酶粗制品通过交联葡聚糖 Sephadex G-200 色谱柱时，此酶本身不能进入凝胶颗粒的孔内，而其他小分子物质及分子量较小的蛋白质可扩散进入凝胶颗粒。因此，用蒸馏水作为洗脱剂，分子量大的脲酶首先被洗脱下来从而达到与其他物质分离的目的。

定时或定量收集洗脱液，分别在紫外分光光度计 280nm 波长测定其吸光度值，以 280nm 的吸光度值为纵坐标，收集管号为横坐标，绘出脲酶粗制品蛋白质分离的洗脱曲线；再分别测定洗脱峰内各管的脲酶活性，以酶活性为纵坐标，以管号为横坐标，绘出酶活性曲线。酶活性与蛋白质洗脱曲线中峰值重叠的部位即为分离所得到的脲酶所在部位。

脲酶活性测定系根据脲酶催化尿素水解释放氨和 CO_2 的作用。在反应中产生黄色化合物，颜色的深浅与脲酶催化尿素释出的氨量成正比，黄色化合物颜色越深，说明释放出的氨越多，即脲酶的活性越大。

三、试剂和仪器

1. 试剂

（1）3% 尿素溶液　称取 3g 尿素溶于 100ml 无离子水中。

（2）pH 6.8 0.1mol/L 磷酸缓冲液　称取 11.18g $K_2HPO_4 \cdot 3H_2O$ 和 6.94g KH_2PO_4 溶于 100ml 蒸馏水中。

（3）1mol/L HCl　将 12mol/L HCl 用蒸馏水稀释成 12 倍即可。

（4）Nessler 试剂　于 500ml 锥形瓶中加入 150g KI 和 100g I_2，加水 100ml 及金属汞 140～150g。剧烈振荡后，7～15 分钟至碘的颜色褪去。以流水冷却锥形瓶，继续振摇，直至溶液呈现黄绿色，把溶液倒入大烧杯中，并添加蒸馏水至 2L 体积，放置备用，即为 Nessler 试剂之母液。于 5L 试剂瓶中，加入 10% NaOH 溶液 3500ml 及 750ml 上述母液，750ml 蒸馏水混匀，配成 Nessler 试剂。该试剂需放置数月，待沉淀后，取上清液实验用。

（5）32% 丙酮溶液　32ml 丙酮加蒸馏水至 100ml。

（6）3% 阿拉伯胶　称取 3g 阿拉伯胶，先加 50ml 蒸馏水，加热溶解，最后加蒸馏水至 100ml。

（7）0.01mol/L 硫酸铵标准溶液的配制　制取分析纯 $(NH_4)_2SO_4$ 置于 10℃ 烘箱内烘 3 小时，取出后置干燥器内冷却，精确称取干燥 $(NH_4)_2SO_4$ 132mg，置于 100ml 容量瓶中，加重蒸馏水使其溶解，再加入重蒸馏水至刻度。

2. 仪器　分光光度计。

四、操作步骤

1. 凝胶的准备　称取 Sephadex G-200 1g，置于锥形瓶中，加水 60ml，于沸水浴中加热 5 小时（如在室温溶胀需放置 48～72 小时）取出，待冷却至室温装柱。

2. 装柱 取直径为 0.1~1.2cm，长度为 45cm 的玻璃管，底部装上有细玻璃管的橡皮塞，用尼龙布包好塞紧，垂直夹于铁架上，细玻璃管接上一段细塑胶管，夹好。柱中先加入少量水，充满细玻璃管，并残留部分水于色谱玻璃管中。关闭细玻璃管的出口，自顶部缓慢加入溶胀处理过的 SephadexG-200 悬液，待底部凝胶沉积到 1~2cm 时，再打开出口，使凝胶上升至离玻璃管顶端 3cm 左右为宜，最后用蒸馏水平衡凝胶柱。在加入凝胶时速度应均匀，并使凝胶均匀下沉，以免色谱床分层，同时防止柱内混有气泡。如色谱床表面不平整，可在凝胶表面用玻璃棒轻轻搅动，再让凝胶自然沉降，使床面平整。根据凝胶床所能承受的最大水压，必须调整细塑胶管位置，把 SephadexG-200 的凝胶色谱床承受的水压控制在 10cm 水柱高度，作为操作压，否则，易使凝胶变形而影响流速及色谱特征。

3. 样品的制备 称取 2g 大豆粉置于锥形瓶中，加入 32% 丙酮 6ml，振摇 10 分钟，进行提取，然后倒入离心管中，用 32% 丙酮 2ml 洗小锥形瓶 1 次，洗液也倒入离心管中，离心（3000 转/分钟）5 分钟，将上清液倒入刻度离心管中量取体积，加入等体积的冷丙酮，使蛋白质沉淀。进一步离心（3000 转/分钟）5 分钟，弃去上清液。待沉淀中的丙酮蒸发后，加蒸馏水 2.5ml，使沉淀溶解。如有沉淀，再离心（2000 转/分钟）5 分钟，取上清液，为脲酶粗提取液，供凝胶过滤进一步分离纯化。

4. 加样 加样时先将色谱柱出口打开，使色谱床面上的蒸馏水缓慢下流，达到床面将近露出为止（注意：不可使床面干掉，以免气泡进入凝胶），关紧出口。用吸管吸取 0.5ml 脲酶粗提取液缓慢地沿着色谱柱内壁小心加于床表面，尽量不使床面扰动，然后打开出口，使样品进入床内，达到床面重新将近露出为止。再用滴管小心加入 1ml 蒸馏水。这样可使样品稀释最小而又能完全进入床内。当少量蒸馏水将近流干时，再加入蒸馏水使其充满色谱床上面的空间，接上贮液瓶，进行洗脱，洗脱时必须保持床面的平整（有时可在床面上的液体表面加一塑料薄板，以保护床面的平整。）

5. 洗脱与收集 流速是影响物质分离效果的重要因素之一。流速慢，分离效果好，但太慢而造成峰形过宽，反而影响分离效果，因此把流速控制在 3ml/15min 较好。流出的液体分别收集在刻度离心管中，收集量为 3ml/管，共约收集 12 管。

6. 检测 先将脲酶粗提取液 0.1ml 用蒸馏水稀释 40 倍得上样稀释液，然后取试管若干，编号，制备酶促反应液。如下操作。

试　剂	空白管	洗脱液（各管）	上样稀释液
3% 尿素（ml）	0.5	0.5	0.5
pH 6.8 0.1mol/L 磷酸缓冲液（ml）	1.0	1.0	1.0
洗脱液（ml）		0.5	0.5
无离子水（ml）	0.5		

37℃ 保温 15 分钟。保温结束，各管中立即加入 1mol/L HCl 0.5ml 以终止反应。另取若干支试管同上编号，如下操作，进行显色。

试　剂	空白管	洗脱液（各管）	上样稀释液
保温后的酶促反应液（ml）	0.1	0.1	0.1
无离子水（ml）	2.9	2.9	2.9
3% 阿拉伯胶	2 滴	2 滴	2 滴

续表

试　剂	空白管	洗脱液（各管）	上样稀释液
	充分混合		
Nessler 试剂（ml）	0.75	0.75	0.75

立即混匀，在 721 分光光度计 480nm 波长比色测定其吸光度值。

硫酸铵标准曲线的制作：如下操作。

试　剂	试　管　号						
	1	2	3	4	5	6	7
0.01mol/L（NH$_4$）$_2$SO$_4$ 标准溶液（ml）	0.1	0.2	0.3	0.4	0.5	0.6	
含氨的微摩尔数	0.2	0.4	0.6	0.8	1.0	1.2	
重蒸水（ml）	2.9	2.8	2.7	2.6	2.5	2.4	3.0
3%阿拉伯胶（滴）	2	2	2	2	2	2	2
	混　合						
Nessler 试剂（ml）	0.75	0.75	0.75	0.75	0.75	0.75	0.75

五、结果及计算

根据测得的吸光度值从标准曲线查得氨的微摩尔数，然后计算各管中每毫升洗脱液每小时保温所能产生氨的微摩尔数作为酶活性单位数，以及每管洗脱液中酶活性单位数。以每管的酶活性为纵坐标，以收集管数为横坐标在方格纸上绘制酶的洗脱曲线。

每毫升洗脱液的酶活性 [（氨微摩尔数/ml 洗脱液）/每小时保温] = 查得标准曲线氨的微摩尔数×2.5（酶促反应液总量）/取酶促反应液（ml 数）× 1/0.5（洗脱液）× 60/15（保温时间分钟）

每管洗脱液的酶活性=每毫升洗脱液的酶活性×3

六、注意事项

1. 装柱之前需先装水检查色谱柱是否通畅。

2. 向色谱柱倒入凝胶时需缓慢进行，不能产生气泡。

七、思考题

洗脱过程后得到的曲线峰形宽与窄与什么因素相关？

（任　历）

参考文献

［1］唐炳华，郭健. 机能学实验指导 ［M］. 北京：中国中医药出版社，2013.

［2］药立波. 医学分子生物学实验技术 ［M］. 北京：人民卫生出版社，2003.

［3］魏群. 分子生物学实验指导 ［M］. 2版. 北京：高等教育出版社，2007.

［4］郑晓珂. 生物化学与分子生物学实验 ［M］. 北京：人民军医出版社，2011.

［5］J萨姆布鲁克，D W拉塞尔. 黄培堂译. 分子克隆实验指南 ［M］. 2版. 北京：科学出版社，2005.

［6］陈钧辉，李俊，张太平，等. 生物化学实验 ［M］. 4版. 北京：科学出版社，2008.

［7］魏福详，韩菊. 仪器分析原理及技术 ［M］. 2版. 北京：中国石化出版社，2011.

［8］张云贵，王俊斌，李天俊. 生物化学实验指导 ［M］. 北京：中国农业出版社，2013.